바다는
언제 가장
위험할까?

바다는 언제 가장 위험할까?

초판 1쇄 발행일 2023년 3월 31일

지은이 임학수 · 주현희
펴낸이 이원중

펴낸곳 지성사 **출판등록일** 1993년 12월 9일 **등록번호** 제10−916호
주소 (03458) 서울시 은평구 진흥로 68, 2층
전화 (02) 335−5494 **팩스** (02) 335−5496
홈페이지 www.jisungsa.co.kr **이메일** jisungsa@hanmail.net

ISBN 978−89−7889−528−6 (04400)
ISBN 978−89−7889−168−4 (세트)

바다는
언제 가장
위험할까?

임학수
주현희
지음

지성사

차례

우리나라는 자원이 풍부하지는 않지만, 안전하고 풍요로운 서해·남해·동해의 천혜 자원과 장점을 잘 이용하면서 보다 빨리 선진국과 어깨를 나란히 하게 되었다. 우리나라의 해안은 생김새가 서로 다르기도 하거니와 해안별로 특징도 조금씩 다르다. 동해안은 남해안과 서해안에 비해 해안선이 단조로우나 하천의 모래가 유입되면서 모래 해수욕장이 발달하였다. 북쪽에서 남쪽으로 해안선을 따라 만들어진 철도와 해안도로는 푸른 바다와 일출을 보고 싶어 하는 사람들이 즐겨 찾고 있다. 서해안은 조수간만의 차에 의해 갯벌이 발달하여 바닷가에서 쉽게 조개잡이나 갯벌 체험이 가능하며, 저녁에 아름다운 낙조를 즐기려는 관광객들이 많이 방문한다. 남해안은 작은 섬들로 이루어진 다도해가 유명한데, 육지에서 섬으로 이어지는 복잡한 해안선 탓에 지도상으로 보면 세 개의 해안 가운데 가장 꼬불꼬불하다. 최근에는 육지와 섬을 잇는 다리가 놓이면서 남해의 크고 작은 섬을 찾는 사람들이 더욱 늘고 있다. 특히 전라남도와 경상남도의 다도해, 부산의 아름다운 해변과 해안에는 여름철 해수욕과 캠핑을 동시에 즐길 수 있는 곳이 많다.

바다는 우리에게 사계절 다양한 수산물과 풍부한 자원을 공급해 줄 뿐 아니라 아름다운 풍경과 쉼터를 제공한다. 또 바다와 연안을 낀 해양도시에서는 바다를 매개로 하는 교역, 관광 등의 경제활동이 이루어지기도 한다. 바다는 참으로 인간의 삶과 경제를 풍요롭게 만들고 있다. 물론 바다가 언제나 행복하게 느껴지는 것만은 아니지만, 그래도 바다에는 우리의 가슴을 탁 트이게 만드는 편안함과 여유가 있다. 그렇기에 우리 인간도 바다처럼 편안하고 풍요로워지는 것이 아닐까?

반면에 바다는 우리에게 위험을 주는 존재이기도 하다. 누구나 한 번쯤은 무섭도록 몰아치는 파도와 금방이라도 쏟아질 듯 뒤집히는 바다의 모습을 본 적이 있을 것이다. 결코 편안해 보이는 모습이 아니다. 물론 그 바다를 바라보는 우리도 편하지 않다. 바다도, 우리도 위험해 보인다. 바다가 위험해지면 그 안에서 풍요와 행복을 바라는 우리도 위험해진다.

　최근 지구온난화로 인한 이상기후와 기상 변화의 문제는 바다를 빼고 이야기할 수 있는 것이 드물다. 갈수록 더욱 강해지고 예측할 수 없는 태풍, 지진의 발생과 지진 후에 찾아오는 해일, 폭우나 폭풍우가 지나간 뒤 일어나는 너울성 파도 등 많은 기상 현상이 바다와 관계가 깊다. 바다는 지구온난화에 따른 자연 현상의 변화를 먼저 받아들이고 있으며, 이전에 비해 높아진 수온과 해수면의 상승은 그 변화를 받아들인 결과로 보아야 할 것이다.

　한편, 바다가 위험에 노출되면 가장 빨리 그리고 직접 영향을 받는 곳이 연안이다. 연안이라는 공간은 지리학적으로 '바다와 육지가 연결된 부분(공간)'을 말한다. 바다와 인간 삶의 공간인 육지를 잇는 곳, 즉 바다가 인간에게 주는 풍요로움과 여유를 전달하는 다리가 되는 공간이라 할 수 있다. 또 그러한 풍요로움과 유용함을 누리고 싶은 인간이 선택한 최적의 공간이 연안이다. 그 때문에 바다가 위험해지면 가장 위험한 곳이 연안이고, 그 연안에서 살아가는 인간도 함께 위험에 빠진다. 해수면이 상승하고 먼바다로부터 강한 태풍이나 돌풍이 일면 곧바로 연안으로 그 위험이 다다른다.

바다 저 깊은 곳에서 지진이 발생해 바다를 흔들면 제일 먼저 흔들리는 곳도 연안이다. 연안으로 밀려온 바다의 위험 현상은 연안의 '위험'으로 번지고, 연안을 터전으로 하는 인간에게는 하나의 재해가 될 수 있다. 연안에서 일어나는, 바다가 만들어낸 재해를 우리는 '연안재해'라고 부른다. 연안재해는 해일, 파랑, 조수, 태풍, 강풍, 해수면 상승 등 해양의 자연현상 또는 급격한 연안침식으로 발생하는 재해로 모습이 다양하다.

이 책은 풍요롭고 아름다운 연안과 그 주변 도시를 비롯해 우리가 쉴 곳을 위험에 빠뜨리는 바다의 변화, 이로 인해 발생할 수 있는 연안의 재해를 설명한다. 바다에서 촉발되는 해양재해는 예전보다 그 세력과 규모가 커지고, 더욱 극단으로 치닫고 있다. 연안의 재해가 더욱 심각해지는 근본 원인은 바다가 갈수록 위험해지고 있기 때문이다.

이 책을 통해 바다에서 만들어지는 은밀한 변화가 연안에 발을 딛고 사는 우리에게 어떻게 중대한 위협으로 다가오는지 알게 될 것이다. 아울러 단순히 바다의 위험과 연안, 우리의 위험을 알아차리는 것에 그치지 않고 이러한 위험이 찾아오는 근본 원인까지 헤아려 보는 기회를 갖기 바란다.

　바다가 위험해지면 연안이 위험해지고, 그것은 결국 인간의 위험으로 이어진다. 생각해 보자! 바다는 언제 가장 안전한지 그리고 연안과 우리 인간이 가장 안전할 때는 언제인지….

01
점점 더워지는 지구

달라진 지구

　지구가 점점 더워지고 있다. 거대한 지구의 한 부분에 자리한 우리나라도 갈수록 더워지기는 마찬가지다. '사계절이 뚜렷한 우리나라, 살기 좋은 우리나라'라는 말도 이제는 옛말이 되어가고 있다. 7월의 한가운데, 더위가 기승을 부린다는 때 나타나는 그 지독한 열대야 현상도 이제는 7월이 되기도 전에 우리의 밤잠을 설치게 한다. 더워서 미칠 지경이라는 말이 이상하지 않고, 잠을 못 자 피곤하다는 사람들이 여기저기서 나온다. 이보다 더 신기한 것은 열대 기후의 대표적인 특성으로 알려진 '스콜(Squall)' 현상이 우리나라에도 심심치 않게 나타난다는 점이다. 갑자기 억수같이 많은 비가 쏟아지는 스콜은 이제 남의 나라 이야기가 아니게 되었다. 스콜이란 흔히 열대지방에서 나타나는 전형적인 비의 형태를 말한다. 이는 일반적으로 오후에 갑자기 비·우박·천둥 등과 같은 기상 현상과 함께 나타난다. 서태평양의 동남아시아나, 어느 열대 밀림 속에서 만나는 갑작스럽고 강한 한바탕의 비가 온대 기후에 속한 우리나라의 기상 환경에서도 버젓이 나타나고, 그 빈도도 점점 늘고 있다.

뜨거워지는 지구로 인해 이제는 어느 나라가 어떤 기후를 보이며, 언제쯤 봄과 여름의 경계가 나타나는지 가늠하기 어려워졌다. 여름은 더 무더워지고 길어지면서 올해의 여름이 얼마나 길지, 다음 계절은 언제쯤 올지 예측하고 준비하기조차 힘들어졌다. 그야말로 예측 불가, 규정 불가의 새로운 기후와 날씨가 속출하고 있다.

이산화탄소가 가두어버린 뜨거운 열

이렇게 지구가 더워진 것을 우리는 '지구온난화'라고 한다. 또 지구온난화 현상을 지구의 기후가 겪는 하나의 위기로 여겨 '기후위기'로 표현한다. 그리고 기후위기, 지구온난화로 인해 예측도, 규정도 하기 어려운 예전과 다른 기후의 양상을 '기후변화'라고 부른다. 이 기후변화 때문에 과거에는 상상하지도 못했던 일들이 많이 일어나고 있다. 가뜩이나 더운 여름에 더 뜨거워진 여름이 이어지면서 지구가 맹렬한 열기를 뿜어내고 있다.

　더워지는 지구, 지구온난화는 이제 학자들만의 어려운 이야기가 아니라 우리의 일상에서 쉽게 마주할 수 있다. 지구온난화는 쉽게 말해, 태양의 복사에너지를 흡수하는 성질을 띤 기체들의 작용으로 일어난다. 이 기체들이 지구에서 나가려는 에너지를 흡수해 가두면서 생기는 현상이라 할 수 있다. 태양이 열을 내뿜고 그중 일부가 지구에 도달하여 구름 등에 의해 반사되지만, 일부는 지구에 흡수되고 갇힌다. 만약 갇히는 에너지가 없다면 지구는 달과 화성처럼 추운 곳은 너무 춥고, 뜨거운 곳은 너무 뜨거운 행성이 되어 인간이 살 수 없었을 것이다. 하지만 태양의 복사에너지를 가두어 생명이 살 수 있게 해주는 지구의 대기에 이산화탄소가 많아질수록 더운 열이 빠져나가지 못해, 지구는 더 더워진다. 이렇게 지구의 열을 가두는, 즉 지구온난화를 부추기는 역할을 하는 기체는 이산화탄소(CO_2)가 가장 대표적

이며, 메탄(CH₄), 아산화질소(N₂O), 수소불화탄소(HFCs) 등
이 있다.

　이런 기체들을 한데 묶어 온실기체 또는 온실가스라고
하는데, 복사에너지를 흡수해 지구를 더운 온실처럼 만든
다고 해서 붙은 이름이다. 그중에서도 대장은 단연 이산화
탄소(CO_2)로 알려졌다. 원래 지구는 자연적으로 발생하는
온실가스에 의해 보호받았지만, 언제부턴가 온실가스가 급
속도로 증가하면서 문제가 생겼다. 온실가스의 증가 이유가
인간의 산업 활동 때문이라는 것은 그간 많은 과학자의 연
구에 의해 밝혀진 사실이다. 지구로 들어오는 복사에너지는
일정한데, 자연적인 온실가스에 더하여 사람들의 활동에
의한 온실가스가 증가하면서 태양열 에너지를 가두었다. 그
러자 지구가 더워지기 시작한 것이다.

　온실가스와 관련한 과학자들의 연구에서 밝혀진 내용
은 이렇다. 지구의 평균 지표 기온이 상승한 것은 19세기 중
반부터인데, 이때는 인간의 생산방식에 획기적인 변화가 이
루어진 시기이다. 기존에 농업과 소규모의 수공업으로 생산
과 경제활동을 이어가던 인간이 공업과 기계를 활용해 본
격적으로 생산을 시작했기 때문이다. 그러나 공교롭게도 이
후로 현재 지구온난화의 주범으로 지목되는 온실가스가 크

게 증가했다. 자연적 요인으로 발생한 온실가스의 양보다 생산 등을 포함한 인간의 활동으로 생긴, 이른바 인위적 온실가스의 양이 전에 없이 늘어난 것이다. 거기다가 사람이 만든 온실가스 중에서도 이산화탄소가 약 60퍼센트의 비중을 차지하고 있어 가장 많아졌다.

이때부터일까? 지구를 뜨겁게 만드는 데 가장 큰 역할을 한다는 이산화탄소의 증가로 이 지구가 더 많이, 빨리 더워지고 있다. 점점 늘어가는 이산화탄소가 가두고 있는 더 뜨거운 열 그리고 조금씩 더 올라가는 지구의 온도계, 이것이 현재의 지구가 처한 상황이다.

지구온난화가 만든 변화의 과학적 해석

이산화탄소가 가둔 거대한 열은 지구의 온도를 올려 갖가지 현상을 일으킨다. 다시 말해 조금씩 높아진 지구의 온도는 지구가 품은 많은 것들에 영향을 준다. 온도가 올라간 지구를 좀 더 과학적인 언어로 살펴보자!

지구온난화란 장기간에 걸쳐 전 지구의 평균 기온이

상승하는 것을 말한다. 그런데 이 '장기간'이라는 시간은 꽤 길다. 앞서 이야기했듯이 그 시간은 일반적으로 18세기 중엽 영국에서 비롯된 산업혁명 이후에 시작되었을 것으로 보고 있다. 산업혁명은 농업과 수공업으로 움직이던 소규모 경제구조가 공업과 기계를 사용하는 대규모 생산체제 기반으로 바뀐 대전환을 말한다. 이 시기부터는 인간의 활동도 비약적으로 증가했고, 새로운 물건을 만들기 위해 수공업 방식의 작업장이 기계 설비를 동원하는 큰 공장으로 바뀌었다. 이와 함께 기계를 움직이는 동력으로 석탄과 같은 화석연료를 대규모로 사용했다. 이에 따라 대기 중 이산화탄소의 양도 점점 더 늘어났고, 열을 가두는 성질을 띤 막대한 양의 이산화탄소가 지구의 온도를 조금씩 끌어 올렸다.

　지구온난화를 포함한 기후변화의 현상을 파악하고 대책을 마련하고자 세계 각국이 모여 만든 UN의 '기후변화에 관한 정부 간 협의체(IPCC)' 제6차 보고서(2021)에서도 오랜 시간에 걸친 지구의 온도변화를 분석했다. 보고서에 따르면, 2021년 현재 전 지구의 평균 지표 온도는 섭씨 15도이며, '산업화 시대'의 시작점인 산업혁명 이후의 인간 활동이 지구 온도를 끌어 올린 것으로 이해하고 있다. 15도라는 온도는 이전에 비해 약 1도 상승한 것이어서 누군가는

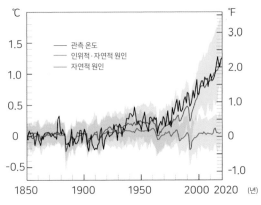

그림 I. 산업혁명 이후 지구온난화에 따른 지표면의 온도변화
(UN IPCC 2021 AR6 보고서)

"고작 1도?"라고 반문할지 모른다. 어제 기온이 14도였는데,
오늘 기온은 어제보다 1도 오른 15도라면 사실 크게 체감
할 수 있는 차이가 아닐 것이다.

그런데 지구의 면적이 무려 5억 1천만 제곱킬로미터라
는 사실을 생각한다면 이야기는 좀 달라진다. 감히 상상도
할 수 없을 만큼 넓은 지구, 그것도 열대·온대·냉대 기후에
서 바다·산·강 등과 같이 온도를 조절할 수 있는 다양한 공
간이 존재하는 조건에서 지구 표면의 온도가 1도 상승했다
는 것은 그냥 단순한 1도가 아니다. 그래서 IPCC 평가보고
서는 지구의 온도가 불과 2도만 올라가도 전 지구의 생물이

엄청난 변화를 겪을 것이라 경고한다. 요즘 뉴스에서 볼 수 있는, 얼음이 사라지고 있는 북극에서 굶어 죽는 북극곰은 하나의 작은 예에 불과하다. 이외에도 전 세계 산호초의 반이상이 지구상에서 사라질 수 있으며, 생물 종의 상당수가 지구상에서 영원히 멸종할지 모른다고 지적했다.

더워지는 지구와 바다의 움직임

지구 전체를 100으로 보면 그중 70 이상은 바다이다. 이처럼 바다는 육지보다 크고 거대하다. 지구가 더워졌다는 것은 곧 지구의 70퍼센트 이상을 차지하는 바다가 더워졌다는 뜻이다. 우리는 '자연스럽다'는 말을 익숙하게 쓴다. 자연스럽다는 말의 사전적 의미는 억지로 꾸미지 않아 어색한 데가 없다는 것으로, 대체로 원래의 성질을 그대로 간직하면서 주위와 잘 어울릴 때 이 말을 쓴다. 그런데 더워진 지구 때문에 덩달아 더워진 바다는 자연스럽지 않은 상태다. 더워진 지구의 대기가 바다와 만나면 바다도 점차 더워지면서 바다도 자연스럽지 않게 된다. 그리고 자연스럽지 않게

된 바다는 또 다른 자연스럽지 않은 움직임을 만들어낸다.

지구온난화로 인한 자연스럽지 않은 바다의 움직임은 이렇다. 대기의 이산화탄소 증가에 따른 온실효과로 발생한 지구온난화는 바다의 수온을 점점 끌어 올린다. 이와 함께 몇 가지 자연스럽지 않은 변화가 생긴다. 바닷물 온도가 높아진다는 사실은 우리가 깊게 들여다봐야 할 바다의 현상학적 변화 이전에, 바다에 사는 생물에게는 생명을 위협하는 큰 문제이다. 우리가 무더운 여름철, 얕은 바다나 양식장의 물고기, 해삼, 전복, 다시마가 대량으로 폐사했다는 소식을 뉴스로 접하곤 하는 이유가 그 때문이다. 사람도 한여름 기온이 체온을 훨씬 웃도는 40도 이상으로 치솟으면 숨을 쉬기조차 힘들어진다. 그만큼 생명체가 살아가는 공간에서 적정한 온도라는 것은 대단히 의미가 크다.

바닷물 온도가 점점 올라가면 나타나는 자연스럽지 않은 바다 속 사정 중 가장 대표적인 것이 적조(red tide)다. 적조란, 말 그대로 바다가 붉게 변하는 현상이다. 바다는 물인데 어떻게 붉게 변할 수 있을까? 엄밀히 말하면 이는 바닷물이 아니라 바다에 사는 아주 작은 생물인 플랑크톤으로 인해 일어나는 현상이다. 평소에는 눈에 보이지도 않는 플랑크톤이 따뜻한 바닷물에 갑자기 대량으로 번식하면서 바다를 붉게 뒤덮는다. 적조현상은 주로 여름철의 일조량과 수온이 그 원인으로 알려졌는데, 이는 플랑크톤의 먹이가 되는 인(TP)이나 질소(TN)가 풍부한 일조량과 높은 수온에 따라 덩달아 많아지기 때문이다. 바꿔 말해 플랑크톤의 먹이가 풍부해진다는 뜻이다.

적조는 바다에 사는 생물에나, 연안을 터전으로 사는 인간에게도 적지 않은 피해를 남긴다. 우선, 대량으로 번식한 플랑크톤이 독소를 가진 것이라면 이 독소는 작은 수중 생물과 어류, 패류뿐 아니라 이 생물을 먹는 우리 인간의 건강에도 해를 끼친다. 또 갑자기 불어난 유기물질을 분해하느라 산소가 많이 소모되면서 정작 바닷속에 녹아 있는 산소, 즉 용존산소(DO) 부족 현상이 함께 나타난다. 그 결과, 호흡을 못 하고 죽는 생물이 생겨나는데 적조로 인한 양식장 어류 폐사 뉴스가 바로 그 예이다.

또 수온이 높은 여름철에는 영양염류*의 과다로 강이나 호수에서 광합성을 하는 미생물(남조류, 藍藻類)이 대량으로 발생한다. 이때 물이 녹색으로 변하는 녹조현상도 자주

---

* 생물이 정상적으로 자라는 데 필요한 인, 질소, 규소 따위의 염류. 바다 등에 존재하는 영양물질을 가리키며, 바다에서는 인산염, 질산염, 규산염 등이 해당한다.

일어나고 있다. 녹조현상은 유속이 느린 하천에 일조량이 늘어나 수온이 올라갈 때 남조류가 수면에 밀집되어 나타나며, 녹조현상을 일으키는 무기 영양염류로는 질소, 인 등이 있다.

바다의 수온이 높아지고 영양염이 늘어나면서 생기는 또 다른 문제들도 있다. 여름철이 지난 시점에도 바닷물이 급격하게 데워져 해안가 하천이나 배수구에서 유입된, 영양염을 포함한 오염물질이 부영양화를 촉발하면 용존산소가 갑자기 희박해지기도 한다. 그러면 수온과 용존산소에 민감한 작은 물고기가 먼저 폐사하고, 다른 물고기도 살 수 없는 환경이 된다. 특히 집단으로 무리 지어 다니는 정어리 같은 어류는 산소가 부족할 경우 집단 폐사의 위험이 더욱 크다. 이처럼 더워지는 바다는, 해양생물은 물론 우리 인간에게까지 큰 위협이 되고 있다. 특히 우리와 아주 가까운 바다인 연안의 피해는 더욱더 늘고 있다.

지구가 품은 뜨거운 열기는 바다의 산소만 빼앗을까? 더운 바다를 지나며 더욱 강해지는 태풍은 연안을 직접 위협한다. 수온이 섭씨 27도 이상인 적도 해상에서 발생하는 열대성 저기압이 초강력 태풍으로 발달하는 원리는 더운 바다와 아주 관련이 깊다. 바다의 큰 물결이 육지를 갑자기

그림 2. 여름철 높아진 수온과 산소 부족으로 일어나는 물고기 집단 폐사 현상

덮치는 해일도 바다가 뜨거워질수록 더 무서운 움직임을 보여준다.

지구의 대기와 함께 바닷물이 뜨거워지면 뒤따라오는 위험들이 생각보다 많다. 바닷물 온도가 높아지면 언 채로 있어야 할 빙하가 녹거나 바닷물의 부피가 팽창하면서 해수면이 상승한다. 그리고 열기를 가두고 있던 대기 중의 이산화탄소가 바다에 다량으로 녹으면서 바닷물의 수소이온 농도(pH)를 낮추는 해양산성화를 일으킨다. 또 바닷물이 과도하게 증발하여 강우 유입과 해수 증발에서 균형을 유지해야 할 물의 순환에 큰 변화를 일으킨다.

그 밖에도 수온, 염분 등 바닷속 생물의 서식 환경을 바꿈으로써 변화한 환경에서는 생존할 수 없는 생물을 중심으로 고유의 먹이사슬이 파괴되고, 개체수가 줄어드는 결과를 초래하기도 한다.

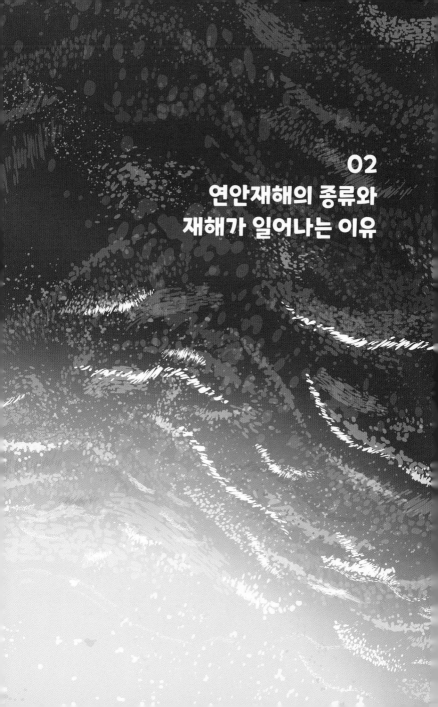

02
연안재해의 종류와
재해가 일어나는 이유

연안재해란?

　앞서 말했듯이 지구온난화로 인한 바다의 자연스럽지 않은 움직임과 변화는 바다뿐만 아니라 인간까지 위협한다. 바닷물이 뜨거워지면서, 해수면이 상승하면서 그리고 물의 순환이 변화하면서 잇따르는 위험한 바다의 움직임이 있다. 이러한 움직임은 연안에서 살아가는 인간에게 곧바로 위험을 안긴다. 바다가 주는 위험 그대로 '재해(災害)'가 되어 돌아오는 것이다.

　연안이라는 공간 그 자체와 연안에 터전을 둔 인간이 맞는 재해를 '연안재해'라 부른다. 연안재해란 쉽게 말하자면, 바다로 인해 해안마을에 일어나는 갑작스러운 재해라고 보면 된다. 이 재해는 사람들이 이용하는 연안의 건축물, 구조물에만 상처를 주는 것이 아니다. 연안의 외형과 성질을 바꾸기도 한다.

태풍, 해일, 이상 파랑, 월파, 조수, 해수면 상승, 강풍과 같이 바다와 관계가 깊은 재해는 연안에서 더욱 강하게 힘을 발휘한다. 여기에 더해 급격하게 이루어지는 연안침식(해안침식)도 호안(護岸)*과 해안도로를 무너뜨리는 재해로 작용할 수 있다. 이들의 공통점은 모두가 인간의 삶을 위협하고 재산은 물론 인명피해까지 일으키는 결코 만만히 볼 수 없는 존재라는 것이다. 그래서 재해라는 말이 더욱 걸맞다.

연안재해는 예전부터 바닷가 가까이 사람이 모여 살던 지역에서 늘 발생한 위험한 존재였다. 해안마을 사람들이 겪었던 연안재해 중 많은 경우는 지구와 바다의 환경변화와 예기치 않은 자연 현상이 그 원인이었다. 그러나 이렇게 자연적인 이유로 일어났던 재해들이 이제는 인간의 활동에 의한 지구온난화와 기후변화로 더 심해지고 위험해졌다. 또 전에는 생각하지 못했던 재해도 생겨났다. 이제부터 이러한

---

* 하안(河岸)이나 해안 또는 제방을, 유수(流水)로 인한 파괴와 침식으로부터 보호하기 위해 비탈에 설치하는 구조물

연안재해에 관해 하나씩 알아보자.

바닷가 마을에 부는 큰 바람, 태풍

태풍이란 북서태평양에서 발생하는 강력한 열대저기압을 말한다. 잠깐, 그런데 왜 북서태평양에서 발생하는 걸까? 그리고 열대저기압이란 무엇일까? 북서태평양은 적도 위로부터 위도 약 60도 사이의 바다로 지도에서 보면 우리나라 동해쪽으로 펼쳐진 아메리카대륙 서부 해안까지의 바다를 가리킨다. 적도 위로는 북극해까지, 아래로는 남극대륙 바다까지를 말하는데 그중 태풍이 생기는 곳은 주로 북위 5도에서 25도, 동경 125도에서 160도 사이의 바다이다.

태풍은 서태평양에서 생겨나 북서태평양에 피해를 준다. 북중미 지역에 피해를 주는 허리케인도 주로 북대서양 서쪽 부분에서 발생한다. 이는 대양의 서부 지역이 따뜻한 해류의 영향으로 해수면 온도가 높은 것과 밀접한 연관이 있다. 다만 적도와 인접한 북위 5도 이하의 저위도에서는 기압이 낮은 곳이 생기고 해수면 온도가 높다고 해도 태풍이

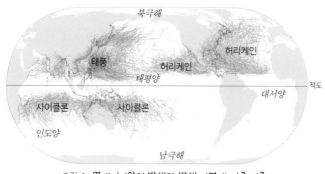

그림 3. 열대저기압의 발생과 발생 지역에 따른 이름

발생하지 않는다. 지구 자전의 영향으로 소용돌이가 생기기 어렵기 때문이다.

바람이나 해류는 지구의 자전에 의해 북반구에서는 운동 방향의 오른쪽으로, 남반구에서는 운동 방향의 왼쪽으로 이동한다. 여기에는 전향력(Coriolis force, 코리올리 힘)이라는 힘이 작용하는데, 전향력이란 지구가 반시계 방향으로 자전하면서 어떤 대상이 실제로 직선으로 운동을 해도 시계 방향의 곡선을 그리며 움직이게 하는 힘이다. 빙글빙글 도는 회전목마 위에서 서로 공을 주고받는다고 생각하면 쉽게 이해할 수 있다. 회전목마의 회전력에 의해 그 공이 휘어서 가는 것이다. 거대한 회전체인 지구상에도 물체의 움직임에 전향력이 발생한다. 그런데 지구의 중심인 적도의 전향력은 0에 가깝다. 따라서 적도에서는 전향력이 있어야 만들어지는 소용돌이가 발생할 수 없고, 그로 인해 태풍으로 발달하는 일이 극히 드물다. 반면에, 북위 25도 이상에서는 해수면 온도가 낮고 상공에서 서풍이 강하게 불어 태풍이 잘 발생하지 않는다.

열대저기압이란 열대에서 만들어진 저기압이라는 뜻이다. 열대에서 태풍이 발생하는 까닭은 알았는데, 저기압은 무엇일까? 저기압이란 주위에 비해 기압이 낮은 것을 말한다. 바다에서 저기압은 성질이 다른 두 유체의 경계, 즉 파도의 물과 공기의 경계면에서 파장(波長)이 만들어지면서 형성된다. 바다의 파도는 상하로 진동하여 파장을 만들고, 차가운 동풍과 따뜻한 서풍과 같은 경계에서 발생한 정체전선 부근의 기압 변동으로 차가운 공기 속에 따뜻한 공기가 유입되는 곳에서 기압이 저기압으로 낮아진다.

정체전선이란 찬 기단(氣團)과 따뜻한 기단의 경계면이 거의 움직이지 않고 한곳에 머물러 있는 전선을 말한다. 우리나라에 무더위가 찾아오기 직전 6월에 발생하는 초여름 장마전선을 예로 들 수 있다. 이런 저기압이 열대 해상에서 발생하면 강한 바람을 일으키고, 뜨거운 바닷물에서 열대 저기압이 발달하여 중심 부근 최대풍속이 17.2m/s 이상의 강한 폭풍우를 동반하는 기상 현상이 나타나는데 이것이 태풍이다.

일반적으로 태풍은 7~10월 북서태평양의 해수면 온도가 약 26.5도 이상인 열대 해상에서 주로 발생하여 초기에는 무역풍을 타고 서북서진(西北西進)하다가 점차 고위도로 북상하면서 편서풍을 타고 북동진한다. 태풍의 중심에는 하강기류가 발생해 반경이 수 킬로미터에서 수십 킬로미터에 이르는, 바람이 약하고 날씨가 대체로 맑은 태풍의 눈이 자리하고 바깥 주변에는 반시계 방향의 강한 바람이 분다.

태풍의 주 에너지원은 수증기의 잠열(潛熱)이다. 잠열이란 어떤 물체가 온도의 변화 없이 상태가 변할 때 방출되거나 흡수되는 열로, 수면이나 흙의 표면으로부터 물이 증발할 때 열에너지가 수증기 속으로 들어가는 현상을 나타낸다. 따라서 해수면의 온도가 높아 더 큰 세력의 수증기 덩어리가 만들어지면 태풍의 세력이 강해진다. 이는 저위도 지역에 해당하는 이야기다. 반면, 고위도에서는 해수면 온도가 낮아 수증기가 많이 형성되지 않고 기존의 수증기는 소멸하기 때문에 태풍의 세력이 약해진다. 태풍이 육지에 상륙하면 수증기 공급은 부족해지고, 육지와의 마찰력은 증가하면서 세력이 급속하게 줄어드는 특징을 보인다.

방파제를 뛰어넘는 파도,
월파

머릿속에 각자 그림을 하나 그려보자. 고요한 바다를 끼고 자리한 해안가의 작은 마을… 이 마을은 집과 도로는 물론이고, 매일 등교하는 학교와 마을의 공동 시설도 다 바다 가까이에 있다. 그런데 어느 날, 바닷가 작은 마을에 큰 파도가 밀려와 마을을 덮친다. 사람들이 다치고, 시설들이 부서졌다. 이렇게 파도는 넘어오지 말아야 할 마을의 담장과 벽을 뛰어넘고, 건물을 뛰어넘어 마을에 피해를 주었다. 다시 말해 거대한 파도가 마을까지 넘어와서 마을에 갑작스러운 재해가 발생했다. 이것이 바닷가 마을이 입은 '월파 (越波)'라는 재해이다.

해변에서 작은 파도를 따라갔다가 뒤로 도망치는 장난을 해본 사람은 파도가 밀려갔다가 다시 밀려온다는 것을 알고 있을 것이다. 그런데 이 파도가 발가락을 간지럽히는 정도의 높이가 아니라 건물을 훌쩍 뛰어넘는 높이라면 어떨까? 건물은 물론, 미처 피하지 못한 사람들까지 엄청난 피해를 볼 것이다. 그래서 사람들은 예전부터 이를 방지하기 위한 시설을 만들었다. 바로 바닷가 가까이에 쌓아둔 제방

그림 4. 태풍이 상륙한 바다 인근의 방파제로 거대한 파도가 넘어오는 모습

이나 방파제가 그것이다. 거대한 파도가 넘어와 생길 수 있는 피해를 막기 위한 최소한의 안전장치인 셈이다. 그러나 바다의 바람이 거세지면 안전장치, 즉 제방이나 방파제를 넘나들 만큼의 높은 파도가 발생한다. 이 파도를 '뛰어넘는 파도'라는 뜻의 월파(越波, Wave overtopping)라고 부른다.

월파의 핵심은 아무래도 파도이다. 파도는 주로 바람에 의해 만들어지는데, 바람의 세기와 조류의 방향에 따라 바람에 의한 파도의 운동에너지가 변한다. 이 때문에 파도가 바람이나 조류를 만나면 방파제와 같은 해안구조물과 육지에 있는 제방의 사면으로 파(波)가 밀고 올라오는 현상이 일어난다. 이를 '쳐오름(Wave run-up)'이라 하는데, 쳐오름이란 말 그대로 파도가 해변의 경사진 면을 밀고 올라오는 현상을 말한다. 쳐오름 현상은 월파의 불씨가 된다. 쳐오름이 구조물의 최고 높이를 뛰어넘으면 구조물 너머에 있는 배후지로 파도가 흘러넘쳐(이를 월류越流라 한다) 바닷물이 저지대로 흘러들기 때문이다. 이러한 현상은 아름다운 해안가를 낀 도로나, 그 사이에 자리한 상가와 주택가에 영향을 주는 가장 흔한 연안재해이다.

소리 없이 덮치는 파도, 해일

바다에서 일어나는 가장 무서운 재해를 생각할 때 많은 사람이 '쓰나미(Tsunami)'를 떠올릴 것이다. 쓰나미는 엄밀히 말하면, 바다 밑에서 일어나는 지진이나 화산 활동 등 지질학적인 요인에 의해 발생하는 해일의 한 종류이다. 이 때문에 태풍이나 심한 폭풍우 등이 일으키는 폭풍해일과 구별하여 '지진해일'이라는 용어를 쓴다. 그런데 언젠가부터 쓰나미라는 일본어가 전 세계가 쓰는 명사처럼 통용되고 있다. 그렇다면 쓰나미, 즉 지진해일을 포함해 해일이란 무엇인지, 또 발생 원리는 어떤 것인지 알아보자.

해일이란 바다의 거대한 물결이 갑자기 육지로 넘쳐 들어오는 현상을 말한다. 해일은 발생 원인에 따라 폭풍해일과 지진해일로 나누는데, 이 두 가지 해일은 발생 원인과 원리가 좀 다르다. 명칭에서도 알 수 있듯이 폭풍해일은 태풍이나 저기압 발생의 기상환경 요인이 해수면을 움직여 갑자기 바닷물이 크게 일면서 일어난다. 반면에 지진해일은 해저의 지각구조에서 발생하는 지진이나 화산 분화 등의 요인이 작용하여 일어난다. 그런데 사람들은 지진해일, 즉 쓰나미에 대한 공포를 좀 더 실감하고 있는 듯하다. 쓰나미라고 하면 많은 사람이 떠올리는 뉴스 속의 몇몇 장면이 머릿속에 각인되어 있기 때문이다.

2011년 일본의 후쿠시마를 덮친 쓰나미의 공포는 10년이 지난 지금에도 회자(膾炙)되고 있다. 해안가의 집과 도로 그리고 자동차까지 순식간에 삼켜버린 거대한 바닷물의 움직임이 마을 전체를 휩쓸어 버리는 데 걸린 시간은 길지 않았다. 연이어 해안가에 자리 잡은 후쿠시마 원전이 폭발하면서 일본 전역에 큰 충격과 피해를 남겼다. 이것이 쓰나미

그림 5. 2011년 일본 후쿠시마를 덮친 쓰나미로 연안 지대의 마을이
물에 잠긴 모습

의 대표적인 사례로, 이 쓰나미는 2011년 3월 11일 일본의
미야기현 앞바다에서 약 9.1 규모의 강진이 발생한 후 일어
났다. 바다에서 일어난 지진에 의해 생기는 거대한 해일, 그
것이 바로 쓰나미다. 당시의 인명과 재산 피해는 말할 것도
없고, 원전 폭발에 따른 방사능 누출 등의 환경문제는 그야
말로 재앙에 가깝다는 평가를 받았다. 이후 우리나라에서
도 기상을 관측하는 전문가가 아니라도 바다에서 지진이 발
생했다는 소식을 접하면 이 쓰나미의 발생 가능성에 주의
를 기울이게 되었다.

해일은 월파와는 차원이 다르다. 월파는 말 그대로 파도가 육지로 넘어가는 것을 말하지만, 해일은 갑자기 높아진 해수면을 타고 에너지를 품은 거대한 물결이 육지를 침범하여 밀려드는 것이다. 이 때문에 해일과 월파의 규모와 강도, 피해의 정도는 분명 차이가 있다.

해일의 발생

해일은 언제, 어떻게 발생할까? 앞서 언급했듯이 태풍 등이 원인이 되어 발생하는 폭풍해일은 바람이나 온대성 저기압과 관계가 깊다. 태풍의 눈이나 강한 저기압 중심부는 기압이 주변보다 상당히 낮아서 중심부의 해수면이 부풀어 오른 채 이동한다. 이때 어느 정도 수심이 깊은 바다에서는 이것이 드러나지 않지만, 태풍을 따라 수심이 낮은 해안이나 연안으로 상륙하게 되면 높아진 바닷물 덩어리(수괴, 水塊)가 그대로 육지로 밀린다. 이 때문에 혹시라도 해수면 수위가 가장 높은 만조 때 폭풍해일이 덮치면 태풍 중심부의 낮은 기압과 반시계 방향의 바람 효과로 높아진 바닷물이 해안가 방파제나 호안 등을 넘어 범람한다.

이름에서도 드러나지만, 지진해일이 발생하는 가장 큰 원인은 바다에서 일어나는 지진이 핵심이다. 지진은 지구

암석권 내부에서 갑작스럽게 에너지가 방출되면서 지진파가 만들어져 지구 표면까지 흔들리는 현상이다. 그런데 이 지진이 바다 밑의 지질구조에서 발생하면 연이어 지진해일, 즉 쓰나미가 일어날 환경이 만들어진다. 물론 해저에서 발생하는 지진이라고 해서 다 쓰나미를 일으키는 것은 아니다. 지진의 규모나 해저 지형의 구조, 당시의 바다 환경 등에 따라 달라질 수 있다. 만약 지진이 바다를 강력하게 흔들 만큼 큰 파장과 진동이 있는 강진이라면 쓰나미가 일어날 확률이 매우 높아진다.

쓰나미는 지진과 같은 물리적인 힘이나 에너지가 바다를 크게 요동치게 만들고, 이 요동 때문에 넓게 퍼진 진동, 즉 파동(波動, Wave)이 생기면서 시작된다. 파장(波長, Wave length)이란 파봉(물결의 가장 높은 부분)에서 파봉 또는 파곡(물결의 가장 낮은 부분)에서 파곡에 이르는 수평 거리를 말하는 것으로, 이때 파동에 생기는 파장은 매우 길다. 요동치는 물 부분의 수평 거리가 길다는 뜻이다. 호수에 돌을 던지면 호수의 물이 동그랗게 퍼져 나가는데, 이것을 바다에 대입해 보면 쉽게 이해할 수 있다. 해저 지진이 일으킨 파동이 해안으로 접근할 때는 낮은 수심으로 인해 파장이 짧아지는 대신 파고가 높아지는 천수변형(淺水變形, Shoaling)이 발생한다. 이 때문에 거대한 물 더미 형상으로 연안을 덮친다. 그리고 쓰나미는 갑작스러운 조석의 썰물처럼 바닷물이 일시적으로 육지에서 바다 쪽으로 빠졌다가 다시 육지 쪽으로 밀려오는 것처럼 나타난다.

'불의 고리'라고 부를 만큼 세계에서 가장 빈번하게 지진이 일어나는 환태평양 지진대는 역대 가장 강력하고 많은 지진해일이 일어난 곳으로 유명하다. 현재까지 지진해일의 80퍼센트 이상이 이 지역에서 발생했다. 이렇게 환태평양 지진대에 지진해일이 많이 일어나는 이유는 태평양이 다른 대양에 비해 크기도 하고, 비교적 규모가 큰 지진이 자주 발생하기 때문이다.

물론 지질해일은 지진 이외에 산사태, 빙산 붕괴, 운석 충돌 등으로 일어나기도 한다. 산사태, 빙산 붕괴, 운석 충돌의 원인을 알고 싶다면 아르키메데스의 원리를 생각하면 된다. 물이 가득한 욕조에 사람이 들어가면 물이 넘치는 것처럼, 커다란 빙산이 바다 속으로 떨어지거나 하늘에서 운석이 무서운 속도로 바다에 떨어진다면 그만한 부피의 물이 밖으로 넘칠 것이다. 그리고 바닷물이 넘칠 공간은 육지뿐이므로 육지로 바닷물이 흘러넘칠 수밖에 없다. 다시 말해 외부의 충격이나 개입으로 인해 불어난 물이 밖으로, 즉 육지로 넘치는 것이다.

지구온난화가 만든 바다의 재해,
해수면 상승

우리나라의 서해는 다른 바다에 비해 하루 중 썰물에 의해 해수면이 가장 낮은 간조(干潮)*와 밀물에 의해 해수면이 가장 높은 만조(滿潮)의 차이가 큰 것이 특징이다. 이 때문에 서해에서는 밀물과 썰물로 매일 해수면이 높아지거나 낮아지는 것을 확인할 수 있다. 갯벌을 보면 썰물 때는 환히 드러났던 갯벌살이 생물의 집이 밀물 때는 잠기는 경우도 있다. 물론 이러한 해수면 변화는 재해가 아니다. 하지만 우리가 평소 발을 딛고 활동하는 해안가가 갯벌 생물의 집처럼 잠겨버린다면 재해가 아닐 수 없을 것이다.

해수면이 오랜 기간에 걸쳐 점차 높아지는 현상을 해수면 상승이라고 한다. 그런데 이 해수면 상승이 지구온난

---

* 달과 태양의 상대적인 위치 변화로 인해 일어나는 해수면의 주기적인 변화인 조석 현상 중 해수가 빠져나가 하루 중 해수면이 최저가 되었을 때. 저조(低潮)라고도 한다.

화와 더불어 발생하면서 우리에게 또 하나의 재해가 되었다. 해수면 상승이 재해라고? 하는 의문이 생길 수 있다. 바닷물이 많아서 그 면이 조금 높아진 것이 뭐 그리 큰일일까? 하는 생각이 들 수도 있다. 그러나 해수면 상승은 그 자체만으로도 위협적인 현상이다.

우선 해수면 상승의 의미를 알아보자. 해수면이 높아졌다는 것은 바닷물의 부피나 질량이 늘어났다는 말로 이해하면 쉽다. 그 과정을 보면, 우선 얼음으로 뒤덮인 남극 또는 그린란드를 포함한 극지방의 육상 빙하, 엄밀히 말하면 빙상(氷床)*이나 러시아, 캐나다의 영구 동토층이 녹아서 바다로 흘러 들어간다. 영구 동토층이란 땅의 온도가 2년 이상 0도 이하로 유지된 토양을 말하는데, 대부분의 영구 동토는 북극이나 남극에 가까운 고위도에 자리 잡고 있다. 그런데 이렇게 육상에 고체 상태로 있던 빙상이나, 토양층에 포함된 얼음이 녹아서 바다로 흘러 들어가면 기존의 바닷물에 또 많은 양의 물이 더해지는 셈이 된다. 반쯤 물이 채워진 큰 양동이에 또 다른 물을 부으면 자연스럽게 양

---

* 땅을 넓게 덮고 있는 얼음덩어리로, 흔히 빙하를 빙상과 빙붕(빙상이 길게 바다까지 이어진 부분으로 일부분이 물에 잠긴 형태)으로 나눈다.

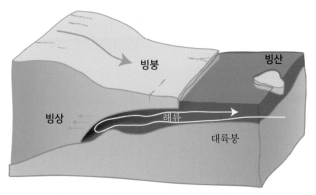

그림 6. 지구온난화로 인해 극지방의 빙붕으로부터 녹아 떨어져 나온 빙산이
해류를 따라 바다로 흘러 들어가는 모습

동이에 담긴 물의 수위는 올라간다. 바닷물도 마찬가지다. 이렇게 흘러 들어간 물이 해수면을 높이는데, 이런 과정이 오랫동안 반복해서 이루어져 이제는 우리가 알아차릴 만큼 진행되었다.

해수면을 높이는 또 하나의 과정에도 더워진 지구가 크게 영향을 준다. 해수면이 상승한 이유는 지구의 온도가 올라가면서 바닷물 온도가 높아진 탓도 있다. 바닷물 온도가 높아지면 밀도는 낮아지면서 부피가 팽창하는데, 이 때문에 해수면이 상승한다. 바닷물 전체의 부피가 늘 때 어디로 팽창할까를 생각하면 바닷물 높이가 올라간다는 것을 이해할 수 있을 것이다. 즉 해수의 열팽창으로 해수면이 상승하는 것이다. 미국해양대기청(NOAA)* 기후자료에 따르면, 2006년부터 2015년까지 해수면 상승은 빙상 및 빙하로 인해 매년 약 1.8밀리미터, 해수의 열팽창으로 인해 매년 약 1.4밀리미터 상승했다.

결국 해수면 상승의 원인은 대기 중 이산화탄소가 불러온 지구온난화라고 할 수 있다. 육상의 빙하를 녹게 만드는 것도, 해수의 온도를 끌어 올리는 것도 결국은 지구가 더워져서 일어난 인과적 현상이기 때문이다. 이렇게 해수면이 상승하면 달의 인력과 지구의 원심력 차이에 따른 조석을 일으키는 힘인 기조력에 의해 서해안 같은 해역은 조수 간만의 차가 더욱 커질 수 있다.

섬나라 투발루가 던진
해수면 상승의 문제는?

지구온난화로 인한 해수면 상승 문제가 전 세계적으로 알려진 것은 태평양의 폴리네시아에 있는 작은 섬나라 투발

---

* NOAA(National Oceanic and Atmospheric Administration)는 우리나라 기상청에 해당하는 미국의 기관으로 해양과 대기에 관한 연구, 기상예보 등을 담당한다.

그림 7. 9개의 섬으로 이루어진
도서 국가 투발루와 그 위치(아래)

태평양

투발루

오스트레일리아

루가 물속으로 잠긴다는 소식이 뉴스로 보도되면서부터라고 할 수 있다. 인구 1만 2000명의 투발루는 해발고도가 겨우 2~3미터 정도의 지형으로 이루어진 작은 섬나라다. 육지의 높이가 해수면의 높이와 얼마 차이가 나지 않는다. 이 때문에 투발루는 바닷물 높이가 점점 올라가는 해수면 상승 현상을 겪으면서 낮은 해안가 저지대부터 물속으로 잠기기 시작했다. 결국 국토 면적이 줄어들자 주민들은 급기야 인근 섬과 뉴질랜드 등으로 피신할 수밖에 없었다. 투발루의 외교 장관은 자신들의 절박함을 전하고자 UN 기후변화 협약 당사국 총회에 참석해 무릎까지 바닷물이 차오른 해안가 연설대에 서서 호소하기도 했다. 투발루의 비극은 전 세계 사람들에게 기후변화로 인한 자연의 변화와 해수면 상승의 위험성을 알리는 계기가 되었다.

이런 분위기 속에서 우리나라도 기후변화가 초래하는 바다의 문제, 바로 해수면 상승에 관심이 높아지고 있다. 전 세계 과학자가 모여 기후변화의 과학적 근거를 밝히고, 이에 대응하기 위한 대책을 짜는 IPCC(Intergovernmental Panel on Climate Change, 기후변화에 관한 정부 간 협의체)가 낸 연구결과는 우리를 바짝 긴장하게 만들었다. 우리나라의 대표적 해안 도시인 부산, 인천, 울산이 해수면 상승의 직접적인 영향을 받게 된다는 것이다. 해수면 상승을 연구하는 많은 사람은 해수면이 높아지는 데 따라 우리나라 각 지역에 미치는 영향을 시뮬레이션한 결과를 발표하고 있다. 특히 장기 해수면 상승을 과학적으로 계산하기 위해서 최소 60년에서 80년 이상 관측한 조위(潮位) 관측소*의 조위 관측 자료를

---

* 조위 검조소라고도 한다. 검조기를 설치하여 해수면의 높낮이를 측정하는 곳으로, 우리나라는 국립해양조사원에서 현재 총 46개소의 조위 관측소를 운영하고 있다.

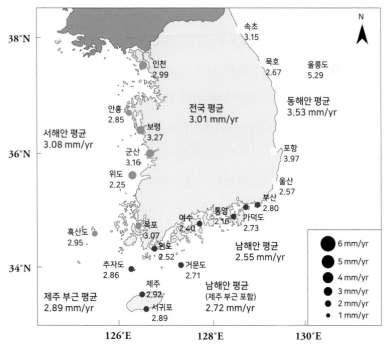

그림 8. 최근 33년간(1989~2021)의 해수면 상승률(KHOA 21개 조위 관측소)

분석하고 있다.

국립해양조사원(KHOA)은 최근 33년 동안 21개 조위 관측소에서 관측한 조위 관측 자료를 이용하여 해수면 상승률을 산정하였다. 2022년에 발표한 기후변화 대응 해수면 변동 분석 및 예측 연구(국립해양조사원 바다누리 해양정보

서비스, www.khoa.go.kr/oceangrid)에는 우리가 미처 예상치 못했던 사실이 담겨 있다. 1989년부터 2021년까지 우리나라 연안 전 해역의 해수면 상승률은 다른 국가들에 비해 결코 낮지 않다. 이 보고서에 따르면 지난 33년간 우리나라의 해수면 상승률은 연간 3.01밀리미터였다. 해역별로 쪼개면 동해안 3.53밀리미터, 서해안 3.08밀리미터, 남해안 2.55밀리미터, 제주 해역 2.89밀리미터로 각각 조금씩 차이가 있었다. 3.01밀리미터는 매우 작은 수치처럼 느껴지지만, 이러한 높이로 매년 상승한 결과 값을 보면 이야기는 달라진다.

지난 33년간 우리나라 연안의 해수면은 꾸준히 높아져 결과적으로는 평균 9.9센티미터나 높아졌다. 또 우리나라에서 관측기간이 가장 오랜 목포 조위 관측소의 약 60년간 해수면 높이를 분석한 결과 해수면은 연평균 2.49밀리미터의 상승률을 보였으며, 62년 동안 15.4센티미터가 상승한 것으로 분석되었다. 이렇게 보면 이는 결코 작은 수치가 아니라는 것을 알 수 있다. 특히나 이목을 끄는 것은 최근 10년 동안의 상승속도가 이전과 비교해 10퍼센트 넘게 빨라졌다는 사실이다. 이는 해수면을 끌어 올리는 지구의 열과 이 열로 인한 해수면 상승의 움직임이 10퍼센트 이상 빨라지고 있음으로도 이해할 수 있다.

점차 사라지는 모래 해변,
해안침식

　요즘은 인터넷에만 들어가면 자세한 지형 지도를 볼 수 있다. 그런데 이 지형 지도가 매일매일, 아니 매 순간 바뀐다는 것을 아는 사람이 얼마나 있을까? 매 순간 지도가 바뀐다는 말이 얼른 와닿지 않겠지만, 지형이 순간순간 달라지고 있다는 것은 사실이다. 지도가 바뀌는 이유는 바로 바다 때문이다. 여러 가지 이유로 육지와 바다의 경계선, 즉 해안선이 변하는 것은 당연한 일이다.

　과학 시간에도 배웠듯이 지구의 지형은 오랜 시간에 걸쳐 다양한 물리적, 화학적 과정을 거친다. 쉬운 예로, 산이나 땅의 암석이 분해되는 풍화 현상이 있다. 그리고 우리가 잘 아는 물리적, 화학적 작용이 침식이다. 침식은 돌이나 흙이 바람이나 물에 의해 깎여 나가는 것을 말한다. 그런데 이 침식작용에 많은 영향을 주는 것 중 하나가 파도와 바람 같은 것이다. 파도는 인접한 육지를 끊임없이 자극하여 깎아낸다. 여기에 바다로 이어진 강에서 오는 퇴적물이나 모래가 쌓이면서 원래 육지의 경계면을 더 넓게 만든다. 그래서 바다 근처의 지형은 더욱 빨리 바뀌고, 해안선의 모습도

달라진다.

앞서 말했듯이 바위가 쪼개지고 토양이 깎이는 현상은 지구가 생기면서부터 지금까지 반복되어 온 자연스러운 현상이다. 하지만 이와는 달리 받아들여야 하는 현상이 있다. 눈으로 감지하기도 어렵고 오랜 세월이 흘러야 알 수 있는, 해안의 깎임과는 구별되는 급격한 해안의 변화로서 재해라고 할 만한 현상이다. 바로 해안침식이다.

'깎임'이란 뜻의 침식에다 해안이라는 말이 나란히 붙은 것을 보면 해안침식은 바다와 연관된 어떤 변수와 요인이 크게 작용할 것이라 예상할 수 있다. 해안침식은 파도·바람·물의 작용으로 해안의 모래(표사, 漂砂)가 줄어드는 현상이다. 해안의 모래가 줄어든다는 것은 모래를 기반으로 형성된 해변이 줄어든다는 말과도 같다. 이렇게 되면 자연히 해안선은 육지 쪽으로 물러난다. 그 옛날 널찍하게 보였던 해변이 어느 날 갑자기 좁게 보이는 것은, 훌쩍 자란 뒤 찾아간 초등학교 운동장에 대한 체감 넓이와는 다르다. 바닷가 해변은 상대적 체감이 아니라 분명 그 넓이도 줄어들었고, 그곳에 있던 모래도 확연히 줄어든 실제상황이다. 이는 빠르게 진행된 해안의 침식작용 때문이다.

이제 침식작용은 왜 일어나는지 생각해 보자! 짧은 기

간에 눈에 보일 만큼 진행된 해안침식은 주로 여름철 태풍이나 겨울철 돌풍에 의해 생겨난 너울성 파도(고파랑)에 의해 '횡단표사(橫斷漂砂)' 형태로 발생한다. 횡단표사란 바닷모래가 해안선과 직각 방향으로 외해로 이동하면서 발생하는 급격한 해안침식 현상을 말한다. 또 너울성 파도가 지나가고 파도가 약해지면서 모래가 해변으로 되돌아가는, 다시 말해 해변을 복원하는 현상도 횡단표사 형태로 발생한다.

　　오랜 기간에 걸쳐 진행되어 그 과정을 알기 어려운 해안침식은 동해안을 예로 보면 쉽게 이해할 수 있다. 동해안에서는 겨울철 북동 계절풍과 여름철 남동 계절풍으로 인해 겨울에는 바닷모래가 해안선을 따라 남쪽으로 이동하고, 여름에는 북쪽으로 이동하는 '연안표사(沿岸漂砂)' 형태로 해안침식이 발생한다. 다만, 해안선을 따라 이동하는 모래는 인공구조물에 의해 이동이 막히면서 인공구조물 주변에 침식과 퇴적을 유발한다. 즉 계절적인 파도의 방향에 따라 바닷모래가 남북 또는 동서 방향으로 이동하는 연안표사와 그 이동이 장기간 반복되면서 침식이 생긴다. 해안침식이 가장 심각한 동해안은 가을과 겨울철에는 파향(波向)에 따라서 바닷모래가 북쪽에서 남쪽으로 이동하고, 봄과 여름철에는 남쪽에서 북쪽으로 이동한다.

좀 더 구체적으로 해안침식의 과학적 원리를 알아보자. 모래사장이 있는 바닷가에 가보면 모래의 크기가 여러 가지인 것을 알 수 있다. 우리가 흔히 밟고 다니는 모래 해변을 사빈이라 하고, 이 사빈들이 바람에 날아가 쌓인 곳을 모래 언덕, 즉 사구라 한다. 해안침식은 바람이나 너울 등 해수 표면의 움직임인 파랑(波浪, Wave)이 사빈과 사구에 영향을 끼쳐 생기는 현상이다. 물론 모든 해안가가 전부 모래 해변만 있는 것이 아니므로 암석이나 절벽 등으로 만들어진 해안에도 파랑이 영향을 끼쳐 해안선을 후퇴시키곤 한다. 이것이 바로 해안침식이다.

그렇다면 해수욕장에 일어나는 침식은 어떤 상태를 말하는 것일까? 그것은 일반적으로 모래 해변으로 들어오는 표사량(漂砂量)에 비해 빠져나가는 표사량이 많을 경우를 뜻한다. 들어와 쌓이는 모래보다 빠져나가는 모래가 더 많아서 조금씩 그 지형이 깎임을 의미하는 것이다. 이렇게 연안의 모래는 우리가 모르는 사이에 유입과 유출을 반복한다. 그리고 이 표사의 유입과 유출에 균형이 깨어지면서 이전의 해변과 다른 모습의 해안선과 사빈이 만들어진다.

03
태풍으로부터 안전해지기

엄청난 에너지를 품은
바다의 태풍

앞에서 이야기했듯이 태풍은 뜨거운 바다에서 시작된다. 육지보다 큰 바다는 지구로 들어오는 태양의 열에너지 대부분을 흡수하는데, 여름철이면 이 열에너지가 커지고 특히 태양열을 더 많이 받는 적도 부근의 바다는 더 뜨거워진다. 이렇게 뜨거워진 바다에서 대기의 열 교환을 위해 저기압이 발생하는 곳에서 태풍이 생겨난다.

우리가 '태풍'이라 부르는 이 열대성 저기압은 북서태평양에서 흔히 7월부터 10월 초 사이에 조금씩 다른 형태로 전 세계에서 발생하고 있다. 이 때문에 호칭도 서로 다르다.

그림 9. 인공위성이 촬영한 태풍의 눈

우선, 미국 등 북아메리카에서 생겨나 큰 피해를 주곤 하는 '허리케인'도 열대성 저기압으로 북서대서양에서 7월부터 10월 초 사이에 주로 발생한다. 인도양, 남태평양 부근에서 발생하는 열대성 저기압은 '사이클론'이라 불린다. 사이클론이란 외눈박이를 뜻하는 말인데, 위성사진으로 본 '태풍의 눈'을 떠올리게 한다. 북반구에서 발생하는 태풍과 허리케인은 저기압 중심부 바깥쪽에서 강한 바람이 반시계 방향으로 불고, 남반구에서 발생하는 사이클론은 바람이 시계 방향으로 분다.

우리나라에 주로 영향을 미치는 태풍은 북서태평양에

서 발생하는 열대성 저기압 중에서 중심 부근의 최대풍속이 초속 17미터 이상으로 강한 폭풍우를 동반하는 것이 특징이다. 폭풍우는 반드시 태풍에만 동반되는 것이 아니라 온대저기압에서 발생하는 경우도 많아 태풍만이 폭풍우를 불러온다고 말할 수는 없다.

일반적으로 열대저기압(태풍)은 다음과 같이 구분할 수 있는데, 표를 보면 열대저기압 부근의 최대풍속에 따라 나누어지는 것을 알 수 있다.

중심 부근 최대풍속	세계기상기구(WMO)	
17m/s 미만	열대저압부	TD(Tropical Depression)
17~24m/s	열대폭풍	TS(Tropical Storm)
25~32m/2	강한 열대폭풍	STS(Severe Tropical Storm)
33m/s 이상	태풍	TY(Typhoon)

표 I. 최대풍속을 기준으로 한 태풍의 분류

태풍은 수온 27도 이상의 해면에서 발생하며, 중심 부근에서 강한 비바람이 분다. 열대저기압은 보통 차가운 기단과 따뜻한 기단이 만나는 경계선을 동반하나 태풍은 이런 전선을 동반하지 않는다. 폭풍 영역은 열대저기압에 비해 대체로 작고, 그 강도는 강하다. 중심 부근에 반경이 수 킬로미터에서 수십 킬로미터에 이르는 바람이 약한 구역이 있는데, 이 부분을 '태풍의 눈'이라 한다. 태풍의 진로는 일반적으로 발생 초기에는 서북서진(西北西進)하다가 점차 북상하여 편서풍을 타고 북동진(北東進)한다. 우리나라에 영향을 주는 태풍의 85퍼센트 이상이 7~9월에 발생하고, 드물게 5월, 6월 및 10월에 내습하기도 한다.

한편, 우리나라에 영향을 주는 태풍이 얼마나 자주 발생했는지를 살펴보면 과거 30년간은 평균적으로 연 3.4회였으나 최근 10년간은 연 4회로 증가한 것을 알 수 있다. 그만큼 우리의 바다가 더 많은 열기를 뿜어내어 열대성 저기압을 만드는 일이 잦아졌다는 뜻이다. 또 그 강도도 점점 세지고 있다. 인간이 기후에 영향을 미치기 전에는 여름철에 뜨거워졌던 바닷물도 계절이 바뀌면서 일정 온도로 내려가곤 했다. 그러나 온실효과로 인해 지구가 점점 더워지면서 바다가 좀처럼 식지 않고 있다. 이렇게 갈수록 높아지는 바닷물 온도는 장기적으로는 해수면 상승에 영향을 끼치고, 단기적으로는 더 강한 열대성 저기압과 태풍을 더 자주 만들어내고 있다.

구분	1월	2월	3월	4월	5월	6월	7월	8월	9월	10월	11월	12월	전년
1982			3		1	3	3	5(3)	5(1)	3	1	1	25(4)
1983						1	3	5	2(1)	5	5	2	23(1)
1984						2	5(1)	5(1)	4(1)	7	3	1	27(3)
1985	2				1	3(1)	1	8(3)	5	4(1)	1	2	27(5)
1986		1		1	2	2(1)	3	5(1)	3(1)	5	4	3	29(3)
1987	1			1		2	4(2)	4(1)	6	2	2	1	23(3)
1988	1				1	3	2	8	8	5	2	1	31(0)
1989	1			1	2	2(1)	7(1)	5	6	4	3	1	32(2)
1990	1			1	1	3(1)	4(1)	6(1)	4(1)	4	4	1	29(4)
1991			2	1	1	1	4(1)	5(2)	6(2)	3	6		29(5)
1992	1	1				2	4	8(1)	5(1)	7	3		31(2)
1993			1		1	4(2)	7(2)	5(1)	5	2		3	28(5)
1994				1	1	2	7(2)	9(2)	8	6(1)		2	36(5)
1995				1		1	2(1)	6(1)	5(1)	6	1	1	23(3)
1996		1		1	2		5(1)	6(1)	6	2	2	1	26(2)
1997				2	3	3(1)	4(1)	6(2)	4(1)	3	2	1	28(5)
1998							1	3	5(1)	2(1)	3	2	16(2)
1999				2		1	4(2)	6(1)	6(2)	2	1		22(5)
2000						2	5(2)	6(2)	5(1)	2	2	1	23(5)
2001					1	2	5	6(1)	5	3	1	3	26(1)
2002	1	1			1	3(1)	5(2)	6(1)	4	2	2	1	26(4)
2003	1			1	2(1)	2(1)	2	5(1)	3(1)	3	2		21(4)
2004				1	2	5(1)	2(1)	8(3)	3	3	3	2	29(5)
2005	1		1	1		1	5	5(1)	5	2	2		23(1)
2006				1	1	3(1)	7(1)	3(1)	4	2	2		23(3)
2007				1	1		3(2)	4	5(1)	6	4		24(3)

2008				1	4	1	2(1)	4	5	1	3	1	22(1)
2009					2	2	2	5	7	3	1		22(0)
2010			1				2	5(2)	4(1)	2			14(3)
2011				2	3(1)	4(1)	3(1)	7	1			1	21(3)
2012			1		1	4	4(2)	5(2)	3(1)	5	1	1	25(5)
2013	1	1				4(1)	3	6(1)	8	6(1)	2		31(3)
2014	2	1		2		2	5(3)	1	5	2(1)	1	2	23(4)
2015	1	1	2	1	2	2(1)	4(2)	3(1)	5	4	1	1	27(4)
2016						4	7	7(2)	4	3	1		26(2)
2017			1		1	8(2)	5	4(1)	3	3	2		27(3)
2018	1	1	1			4(1)	5	9(2)	4(2)	1	3		29(5)
2019	1	1			1	4(1)	5(3)	6(3)	4	6	1		29(7)
2020				1	1		7(3)	4(1)	7	2	1		23(4)
30년 평균 (1991~2020)	0.3	0.3	0.3	0.6	1.0	1.7 (0.3)	3.7 (1.0)	5.6 (1.2)	5.1 (0.8)	3.5 (0.1)	2.1	1.0	25.1 (3.4)
10년 평균 (2011~2020)	0.6	0.5	0.4	0.4	0.6	2.2 (0.4)	4.1 (1.1)	5.1 (1.3)	5.3 (1.0)	3.7 (0.2)	2.2	1.0	26.1 (4.0)

표 2. 연도별 태풍 발생 횟수
(괄호 안의 숫자는 우리나라에 영향을 준 태풍의 수, 기상청)

우리나라 태풍의 등급, 강도와 크기

태풍이 발생하면 가장 큰 위험에 처하는 것이 항해 중
인 선박이다. 바다와 접한 연안은 내륙보다 좀 더 위험이 커
진다. 태풍이 연안에 상륙하면 특히나 해안가 마을은 큰 피

해를 겪을 확률이 매우 높다. 태풍의 피해는 그 대상이 어떠한 상태에 있느냐, 또는 어디에 위치하느냐에 따라 그 정도가 달라질 수 있다. 그래서 오래전부터 각각의 상황과 그에 따른 피해를 예방하기 위해 태풍을 강도(Strength)와 크기(Size)에 따라 구분해 왔다.

먼저 태풍의 강도는 순간적으로 부는 바람의 속도, 즉 순간최대풍속을 기준으로 초강력, 매우강, 강, 중, 약으로 나눈다. '약(弱)'으로 분류되는 태풍은 최대풍속이 17~25m/s이다. 이를 시속으로 바꾸면 61~90km/h 미만

구분	최대풍속	피해 정도
약 (weak)	17m/s(61km/h, 34kt) 이상 ~25m/s(90km/h, 48kt) 미만	간판이 날아감
중 (nomal)	25m/s(90km/h, 48kt) 이상 ~33m/s(119km/h, 64kt) 미만	지붕이 날아감
강 (strong)	33m/s(119km/h 64kt) 이상 ~44mm/s(158km/h, 85kt) 미만	기차가 탈선함
매우강 (very strong)	44m/s(158km/h, 85kt) 이상 ~54m/s(194km/h, 105kt) 미만	사람, 커다란 돌이 날아감
초강력 (super strong)	54m/s(194km/h, 105kt) 이상	건물이 붕괴함

표 3. 순간최대풍속을 기준으로 한 우리나라의 태풍 강도 분류와 피해 기준

을 말한다. 시속 61킬로미터로 달리는 자동차를 생각한다면, 약한 태풍이라 해도 무시할 수준이 아니라는 것을 알 수 있다. 실제로 이 정도의 태풍은 고정하지 않은 간판 또는 세워놓은 간판을 움직이게 하거나 날아가게 할 수 있다. '중(中)'으로 분류되는 태풍의 최대풍속은 25~33m/s로 시속 90~119km/h 수준이다. 고속도로를 달리는 자동차의 속도를 생각해보면 될 것이다. 중형 태풍은 약한 지붕을 날려 보내기도 한다. '강(强)'으로 분류되는 태풍은 최대풍속 33~44m/s로 시속으로는 119~158km/h 수준이다. 이렇게 강한 바람이 불면 기차가 정상적으로 운행할 수 없다. 이보다 더 강한 '매우강'으로 분류되는 태풍은 최대풍속 44~54m/s로 시속 158~194km/h 수준의 바람이 분다. 사람이 정상적으로 걷는 것이 불가능하고, 길거리의 돌들도 날아다닐 수 있다. '초강력'으로 분류되는 태풍은 최대풍속 54m/s, 시속 194km/h 이상의 빠르기다. 이런 태풍이 오면 목재로 지은 집들은 다 무너질 수 있다. 2022년 9월 6일 우리나라에 상륙한 태풍 '힌남노'는 일본 오키나와 아래쪽 바다에서 72m/s를 기록하여 초강력 태풍으로 분류되었다가, 우리나라로 근접할 때는 54m/s로 매우강 태풍으로 한 단계 낮아졌다.

단계	강풍 반경(풍속 15m/s 이상의 반경)
소형(Small)	300km 미만
중형(Medium)	300km 이상~500km 미만
대형(Large)	500km 이상~800km 미만
초대형(Extra-large)	800km 이상

표 4. 강풍 반경을 기준으로 한 우리나라의 태풍 분류(크기)

태풍의 강도를 분류하는 또 다른 기준은 강풍이 부는 범위의 크기, 즉 강풍의 반경이다. 이를 기준으로 태풍을 소형, 중형, 대형, 초대형으로 분류한다. 소형 태풍은 풍속이 15m/s 이상이고 반경이 300킬로미터 미만인데, 서울에서 전라남도 광주까지의 거리를 반지름 삼아 원을 그리면 소형 태풍의 크기를 짐작할 수 있다. 중형은 풍속 15m/s 이상, 반경 300~500킬로미터 미만으로 서해 연평도에서 가장 동쪽에 있는 독도까지의 거리를 반지름으로 한 원 정도의 크기이고, 대형은 풍속 15m/s 이상, 반경 500~800킬로미터 미만으로 부산에서 백두산까지의 거리를 반지름으로 삼는 원 정도의 크기로 생각하면 될 것이다. 풍속 15m/s 이상, 반경이 800킬로미터 이상인 태풍은 초대형으로 분류한다.

그렇다면 태풍의 세기나 크기를 좌우하는 요인은 무엇일까? 앞서 언급했듯이 비교적 간단하게 생각하자면, 태풍이 바닷물의 증발로 인한 수증기와 연관이 깊다는 것을 기억하면 된다. 바다에서 뿜어내는 뜨거운 수증기가 구름을 만드는 과정을 반복하면서 생기는 열대성 저기압이 태풍이다. 따라서 태풍의 발생에 가장 큰 역할을 하는 것이 바다의 수증기다. 수증기가 구름이 되어 바다 위에서 움직일 때 또 다른 뜨거운 수증기를 만나면 태풍은 이전보다 더 힘이 강해진다. 다시 말해 태풍은 바닷물과 그 표면에서 나오는 수증기와 열기로 인해 강도가 세어지곤 한다. 반면, 연안에 상륙하면 그 강도가 약해진다. 육지는 바다와 달리 수증기를 공급할 수 없기 때문이다. 따라서 태풍이 육지를 따라 움직일수록 세력을 잃게 된다. 이렇게 태풍은 바다의 뜨거운 수증기로 몸집을 불린다. 바다가 뜨거워지면 뜨거워질수록 우리가 맞을 태풍은 더욱더 강하고 위험한 존재가 된다.

우리나라에 큰 피해를 준 태풍 사례

최근 태풍의 위력이 지구온난화로 인해 갈수록 커지고 있다. 우리나라만 한정하여 살피더라도 2000년대부터 태풍의 위력은 눈에 띄게 막강해졌다. 우리에게 가장 큰 피해를 준 것으로 알려진 태풍 '루사'는 2002년 8월, 많은 사람을 긴장하게 만들었다. 루사는 2003년 9월의 태풍 '매미'와 쌍벽을 이루는 대한민국 역대 최악의 태풍으로 꼽힌다. 태풍 강도의 기준이 되는 최대풍속이 1분 평균 59m/s, 10분 평균 41m/s로 그야말로 초강력 태풍이었다. 태풍 루사가 남긴 피해는 5조 1478억 원으로 추산되었다. 그뿐만 아니라 213명이 사망하고, 33명이 실종되었다. 이로써 루사는 아직도 많은 사람이 기억하는 태풍이 되었다. 당시 태풍 루사로 인한 피해가 이렇게까지 컸던 이유는 태풍이 우리나라를 정중앙으로 관통했기 때문이다. 루사는 수증기를 많이 품어 일일 강우량이 870.5밀리미터에 이르는 비를 내렸다. 이 또한 우리나라 기상 관측사상 기록에 남을 최대의 강수량이었다.

태풍 '매미'는 2003년 9월 12일에 남해안을 강타한 가을 태풍으로 최대풍속이 1분 평균 77m/s, 10분 평균 54m/s를 기록했다. 초강력 태풍이지만 태풍 루사를 한참 뛰어넘는 강력한 바람으로 재산상 피해는 4조 2225억 원이고, 인명피해는 사망 117명, 실종 13명에 이르렀다. '매미'는 우리나라 역사상 두 번째로 강력한 태풍으로 분류되었으며, 여수와 진주에 200~300밀리미터의 비 피해를 남겼다.

　태풍 '볼라벤'은 2012년 8월 27일에서 28일 사이에 서해안을 따라 북상하여 북한을 관통한 태풍으로 최대풍속이 1분 평균 64m/s, 10분 평균 51m/s를 기록했다. 이는 바람 세기로 보면 '매미'보다 약하고 '사라'보다는 강한 태풍이었다. '볼라벤'은 수도권 지역에는 큰 피해를 주지 않았지만, 제주와 호남 및 서해안 지역에는 엄청난 피해를 끼쳤다.

　우리나라 기상 관측사상 가장 최악의 태풍으로 기록된 태풍 '사라'는 1959년 9월 17일쯤에 우리나라를 관통했다. 최대풍속은 1분 평균 85m/s, 10분 평균 72m/s로 사망자는 938명, 실종자는 206명, 부상자는 2,533명, 이재민은 37만 3459명이었다. 당시 피해액은 1300억 원 수준이었는데, 당시의 물가를 고려하면 현재의 5조~6조 원에 이르는 것으로 추정된다.

　태풍의 피해를 최소화하기 위해 가장 필요하고 중요한 것은 정확한 예보이다. 예보에는 이전에 지나간 태풍에 대한 다각도의 분석과 바다의 상태를 포함해 주변 환경에 대한 정밀한 관측이 필요하다. 앞서 이야기했듯이 태풍의 발생 원인과 주변 환경은 자연 현상적인 상호작용에 의해 형성되기 때문이다. 따라서 과거의 태풍 사례와 형태 그리고 그 과정에서 일어났던 일련의 대기-해양 상호작용을 분석하면 새롭게 발생하는 태풍의 움직임도 예측할 수 있다.

그렇지만 이러한 요소들에 대한 분석을 기반으로 하는 기상 예보가 빗나가는 일이 점점 많아지고 있다. 기후변화로 인해 예측할 수 없는 기상 현상이 잦아졌고, 전에 없던 형태와 특성을 띤 태풍이 생기거나, 태풍의 경로와 세기를 가늠할 수 있는 주변 환경이 수시로 변하고 있어서 그렇다. 이러한 예는 가장 최근인 2022년 9월 6일에 상륙한 태풍 '힌남노'의 사례에서도 볼 수 있었다.

힌남노는 만들어질 당시 세력이 강하지 않은 상태에서

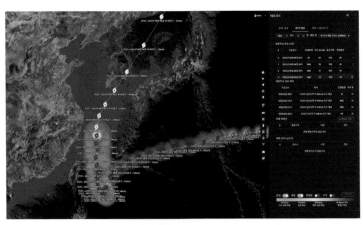

그림 10. 태풍 힌남노의 경로 예측 연구결과 사진(KIOST 첨단 해양산업 오픈랩)

서쪽으로 나아갔으나 타이완 부근에서 작은 태풍을 흡수하며 강해졌다. 그 후 북쪽으로 올라가면서 여전히 높은 바다의 수온으로 인해 세력이 한층 더 커졌다. 힌남노는 일본을 거쳐 한반도로 향했는데, 제주로 북상하기 직전의 기상청 예보에 따르면 최대풍속이 초속 54미터 이상인 초강력 태풍으로 발달할 것으로 보였다. 그런데 실제로 힌남노가 동해안으로 빠져나간 후의 분석결과는 좀 달랐다. 9월 5일 자정에 강도는 '매우 강', 크기는 중형 태풍으로 풍속은 45m/s, 반경은 410킬로미터로 제주도 성산 동남동쪽 약 40킬로미터 부근 해상을 통과하였고, 9월 6일 오전 3시 통영 남남서쪽 약 80킬로미터 부근 해상을 지났다. 그리고 오전 6시 부산 동북동쪽 약 10킬로미터 부근 육상을 통과하여 오전 9시 울릉도 동북동쪽 약 70킬로미터 부근 해상을 지날 때까지 중형 태풍을 유지했다.

기후변화로 야기된 예측할 수 없는 바다의 움직임과 그 환경으로 인해 이제는 태풍을 정확히 예보하기가 더 어려워질지도 모른다.

태풍으로부터 연안을
보호하기 위한 노력

예전부터 사람들은 바다에서 부는 바람으로부터 연안을 보호하고자 많은 방법을 고안해 냈다. 우리나라 곳곳에는 연안을 보호하는 오래된 숲이 존재한다. 그중 경상남도 남해군 물건항에는 300년 전에 조성된 것으로 알려진 어부방조림이 있다. 해풍으로부터 마을을 지키고, 피해를 줄이기 위해 마을 사람들이 정성을 다해 심고 가꾸어온 숲으로 전해진다. 어부방조림은 해풍뿐 아니라 태풍으로부터 바닷가 해안을 보호하는 효과가 있다. 바닷가와 해안마을 사이에 후박나무, 느티나무, 해송이 촘촘히 들어선 것을 볼 수 있는데, 이 나무들은 바다와 어우러져 멋진 풍경을 보여주기도 하지만 그보다는 연안을 태풍으로부터 보호하는 중요한 역할을 한다.

모래 해변(사빈) 뒤쪽에 발달한 해안사구는 해류나 파도에 의해 운반된 모래가 바람에 날려 낮은 구릉 모양으로 내륙 쪽으로 이동하면서 쌓여 이루어진다. 동해안에서는 하천이 사빈으로 대량의 모래를 공급하는데, 해안사구도 하천 어귀 부근에 높고 넓게 발달해 있다. 일반적인 해안사구에는 해송(海松) 숲인 송림이 있어서 태풍이나 해풍 등을 막아주는 방풍림*으로 주로 사용되고 있다. 방풍림은 말 그대로 바람으로부터 연안을 보호하는 역할을 해왔다. 그런데 언젠가부터 연안의 인구가 늘어나고 개발이 시작되면서 이 나무들을 없애는 일이 많아졌다. 해송과 같은 해안사구의 나무들을 뽑아버리면 모래가 바람에 날리면서 사구 배후지가 없어져 해안침식이 심해지고, 태풍과 같은 재해에 이전보다 더 큰 피해를 당할 수 있는데도 말이다.

물론 요즈음의 태풍 대비는 예전에 전통적으로 이루어져 왔던 방풍림 조성과 같은, 어쩌면 노동집약적인 형태와는 다르게 진행되고 있다. 이미 알아차렸겠지만 변수가 많은 다양한 태풍에 대비하기 위해서는 그야말로 첨단 기술과 전문성이 필요하다. 그래서 지금은 매년 반복해서 발생하는 연안 피해를 예방하고자 기상과 바다를 관리하고 연구하는 정부 부처 및 국가기관, 학회 등에서 태풍 발생과 관련한 자연과학적 메커니즘을 연구하고 있다. 또 태풍의 강도와 이

---

* 강풍을 막기 위해 나무로 조성한 숲. 바람으로 인한 농작물의 피해를 막기 위해 조성하는 내륙방풍림과 폭풍이나 파도, 모래를 막기 위해 해안지역에 설치하는 해안방풍림이 있다.

동 경로를 예측하고, 예상되는 피해를 최소화할 수 있는 대
응 기술을 개발하고 있다.

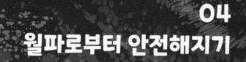

04
월파로부터 안전해지기

예측이 어려운 무서운 파도,
윌파

　바다의 거대한 에너지의 이동과 작용이 만들어낸 것이 태풍이라면, 이 바람에 의해 먼바다에서 만들어진 파도가 전달되어 해안가에 나타난 파랑에너지가 작용한 결과가 윌파다. 윌파는 먼바다에서 발달한 파도가 수심이 얕은 곳으로 이동하면서 쳐 올라 방파제나 방조제를 넘는 현상을 말한다. 보통 먼바다의 수심은 깊고, 연안에 가까워질수록 수심은 얕다. 같은 양의 물이라도 넓고 깊은 그릇과 좁고 얕은 그릇에 부으면 물의 높이가 달라진다. 이처럼 넓고 깊은 바다에서 생긴 파도가 갑자기 좁고 얕은 물로 올라가면 파도가 높아지면서 넘치고 만다.

방파제나 방조제를 넘는 월파 현상은 흔히 태풍과 돌풍으로 생긴 너울성 파도에 의해 발생한다. 좀 더 구체적으로 설명하자면, 먼바다에서 발생한 태풍에 의해 생긴 월파는 주기가 긴(약 8~12초) 너울성 파도에서 비롯된다. 그리고 가까운 바다에서 강한 바람에 의해 생긴 월파는 주기가 짧은(약 6~8초) 높은 파도로부터 발생한다. 장주기의 너울성 파도는 동해안에서 주로 볼 수 있다. 동해 먼바다에서 태풍 또는 돌풍이 생겨날 때 연안으로 파랑의 에너지가 전파되다가 낮은 수심의 해안가에서 방파제나 방조제와 같은 인공 구조물에 부딪히면서 갑자기 너울성 파도로 바뀌어 구조물을 뛰어넘는 월파가 일어난다. 태풍이 아니어도 센 바람이 불면 높은 파도가 친다. 그중 방파제나 방조제를 넘는 월파는 재해로 분류된다.

연안 보호 방법을 연구하는 학자들은 방조제나 방파제 같은 연안의 구조물, 즉 사람을 보호하거나 사람이 쓰는 시설을 넘어서는 파도만을 월파라 하고 있다. 일반적으로 연안 구조물 안쪽으로는 사람들이 이용하고 생활하는 공간이 있다. 따라서 이 구조물을 뛰어넘는 파도는 큰 피해를 줄 수밖에 없다. 특히 월파는 태풍과 같은 나쁜 기상 환경에서는 예측이 가능하기도 하지만, 전혀 예상치 못한 경우에 발생하기도 한다. 기분 좋게 바다 풍경을 감상하던 사람이 갑자기 들이닥친 너울성 파도와 월파에 의해 바다로 휩쓸려 가기도 한다.

바다에서 강한 바람이 육지로 불어올 때 발생하는 주기가 짧은 파도는 해안가 가까이로 접근하면서 파도를 일으키는 에너지, 즉 파랑에너지를 급격하게 만든다. 이로 인해 높은 파도가 일어 방파제나 방조제를 넘는 월파가 나타날 수 있다. 이러한 현상은 대체로 바닷가의 기상이 나쁠 때 일어나기 때문에 비교적 예보가 쉽게 이루어져 피해를 줄이거나 대피할 시간을 확보할 수 있다.

반면에, 주기가 긴 너울성 파도는 바람이 불지 않는 맑은 날씨에도 먼바다에서 전파된 파도의 에너지가 수심이 얕은 해안가에서 갑자기 월파로 변하면서 방파제 위에서 활동하는 사람들에게 예고도 없이 들이닥쳐 큰 인명피해를 내기도 한다. 다만 먼바다에서 발생한 지진으로 해안가에서 바닷물이 빠르게 넘어오는 지진해일이나, 해안가에서 태풍의 저기압에 의해 해수면 수위가 상승하여 육지로 넘어오는 폭풍해일은 너울성 파도에 의한 월파와 구별된다. 태풍에 의한 월파는 큰 파도를 만들어 연안 시설물과 항만 구조물을 넘을 뿐 아니라 파괴하기까지 한다. 가끔 태풍이 약해졌다는 예보를 듣고 방파제나 방조제 근처로 가는 사람들이 있는데, 이는 매우 위험한 일이다. 태풍이 약해졌을 때도 월파가 일어날 수 있기 때문이다.

높은 파도가 위험하다는 것을 알면서도 연안 보호를 위한 구조물 가까이에는 많은 사람이 생활하고 있다. 우선 낚시를 즐기는 사람들을 생각해 볼 수 있다. 또 방파제나 방조제 근처에는 멋진 바다의 모습을 감상할 수 있는 상점들도 있다. 동해·남해·서해를 막론하고 바다 근처에 빽빽하게 들어선 사람들의 거주 시설도 월파 피해를 보기 쉽다.

우리나라에 큰 피해를 준 월파 사례

지구온난화로 인해 태풍의 위력이 점차 강해지면서 최근 월파 피해도 갈수록 커지고 있다. 2022년 9월 6일, 태풍 '힌남노'로 약 10미터의 월파가 발생하면서 부산 해안지역 상가와 도로 시설물이 크게 훼손되었다. 6년 전인 2016년 10월 5일 태풍 '차바' 때 월파로 피해를 겪었던 상인들이 상

그림 11. 태풍 차바 내습(2016년 10월)에 의한 월파로 파손된
부산 해운대(마린시티) 근처 인도와 상가

가 앞에 모래주머니를 쌓고 창문에 판자를 대며 월파에 대
비했지만, 재해를 막기에는 역부족이었다. 지구온난화로 해
수면이 높아지면서 태풍에 의한 폭풍해일과 함께 월파도 증
가하고 있다. 연안에서 만조위(滿潮位)와 겹치면서 폭풍해일
이 커지면 월파 피해는 더욱 늘어난다. 월파에 휩쓸리면 인
명피해뿐만 아니라 넘친 바닷물에 의해 도로와 상가, 차량
등이 침수하면서 상당한 재산상의 피해를 볼 수 있다.

2005년 10월 21일부터 23일까지 동해안 지역에 월파
가 발생했는데, 23일 경북 포항시 임곡방파제에서 일어난

월파는 이상 파랑으로 인한 것이었다. 이로 인해 2명이 사망했고, 농경지 2.5헥타르(ha, 1헥타르는 1아르의 100배로 1만 제곱미터)가 침수했다. 같은 날, 울산시 북구 정자방파제에서도 한 명이 사망하고 선박 한 척이 침몰하는 피해가 있었다. 또 파도를 막기 위해 쌓은 테트라포드와 도로 일부도 파괴되었다. 강원도 동해시 대진항과 천곡항에서는 3명이 다치고, 항구를 보호하던 방파제가 파손되었으며, 테트라포드에 손실이 생겼다. 강원도 강릉시 주문진항에서는 한 명이 사망하고, 해수욕장 경계석이 깨졌다. 강원도 속초시에서는 횟집 건물 3동이 반쯤 부서졌고, 해안도로가 유실되었다. 모두 같은 시기에 피해가 발생한 이 지역은 동해안이라는 공통점이 있다. 2006년 10월 24일에도 강원도 고성 봉포항에서 월파로 추정되는 파도로 인해 사망사고가 발생했다. 이어 2007년에도 강원도 속초시 영금정 부근에서 사망사고가 일어났다. 2008년 2월 24일에는 강원도 강릉시 안목항에서 3명, 2009년 1월 10일 강원도 강릉시 주문진항에서 2명이 사망했다.

서·남해안에서도 월파 피해가 있었다. 2005년 2월 9일, 제주도 한림읍 옹포리 해안가의 주택이 일부 침수되는 피해가 발생했다. 2007년 3월 31일에 전북 고창군 상하면과 전남 영광군 법성면에서도 각각 인명피해가 있었다. 2008년 5월 4일에는 충남 보령 죽도 방파제에서 월파가 발생해 낚시꾼과 관광객 50여 명이 해일에 휩쓸렸다. 결국 5명이 숨지고 15명이 실종되었으며, 29명이 인근 어선 등에 의해 구조되었다고 한다.

사고를 목격한 사람들에 따르면 바닷물이 한꺼번에 빠졌다가 2미터 이상의 파도가 갑자기 밀려들었다고 한다. 기상청은 이날 낮 보령 일대에 폭풍 현상은 없었으며, 물결도 잔잔해 해일이 일어날 조건은 아니었다고 밝혔다. 또 사고지점 인근인 충남 태안 격렬비열도(格列飛列島)에서는 이날 낮 측정된 파고가 0.3~0.4미터였다. 충남 보령시 해안 인근 바람은 초속 3~4m/s로 관측되었다. 이는 국지적 기상 이상 현상으로, 갑자기 생겨난 너울성 파도나 느닷없이 발생한 월파에 의한 피해로 볼 수 있다.

월파로부터
안전해지기 위한 노력

월파를 공학적으로 풀이하면 파도의 '처오름' 현상으로

인해 파(波)가 방조제와 호안 같은 해안구조물, 항만에 세운 방파제나 방파호안 같은 외곽시설과 안벽시설 등 항만 구조물의 상단인 마루를 넘는 현상이라고 할 수 있다. 파도가 구조물을 넘으면 그 구조물 너머로 해수가 흘러든다. 월파는 특히 최근 들어 태풍이 찾아든 해안가 주변에서 어렵지 않게 볼 수 있는 현상이 되었다. 원래 해안의 방파제나 항만 구조물은 처음 계획을 세울 때부터 이런 월파 위험 때문에 파고 등의 역학적 변화를 고려해 평균해수면보다 높게 만든다. 또 장기간 관측한 데이터를 이용해 수치해석 기법으로 재분석하여 월파와 바닷물 엄습의 피해를 받지 않도록 설계한다. 그러나 이렇게 치밀한 작업을 거쳤음에도 불구하고 거대한 파도가 방파제를 넘어 연안에 피해를 주는 일이 점점 늘고 있다. 이제 월파는 해안가에 자리한 주택이나 상가에서 가장 두려워하는 연안재해 중 하나로 인식되고 있다.

월파는 구조물을 넘나드는 파도의 높이와 유입되는 해수의 양을 기준으로 하여 그 정도를 측정할 수 있다. 일반적으로 월파는 방파제, 방조제, 제방, 호안 등 해안구조물을 넘어서 들어오는 월파의 양을 단위 길이(1m)와 단위 시간(1s)당으로 재어 단위 유량(m^3)으로 나타낸다. 즉 월파량은 1미터 길이의 공간에 1초당 얼마만큼의 유량이 들어왔는가를 기준으로 하여 표시한다.

월파가 구조물을 넘어서는 파도라면, 구조물을 높게 만들면 되지 않을까 하고 생각할 수 있다. 하지만 100년에 한 번 올까 말까 한 높이의 파도를 막기 위해 평소 잔잔한 바닷가에 10미터짜리 높이의 방조제를 만들어야만 할까? 월파를 완전히 막기 위해서는 구조물의 마루고를 높여야 하지만, 멋진 바닷가 풍경을 다 막으면서까지 방조제를 쌓는 것에 대해서는 의견이 각각 다를 것이다. 우선 경관이 아름답지 않을 것이고, 높은 벽을 만들려면 비용이 많이 들 것이다. 그래서 해안이나 항만에 구조물을 설치할 때는 경관과 경제적인 면을 둘 다 고려한다. 어느 정도의 월파를 허용하는 허용 월파량 개념을 설계에 도입하는 것이다.

허용 월파량은 과거 수리모형실험(수조 안에 실제의 흐름과 유사한 흐름을 재현하여 관찰·측정하는 장치를 이용해 이루어지는 실험)과 실험에 의한 경험적 계수를 기반으로 개발한 산정식을 주로 사용한다. 방파제, 호안 배후지의 이용 측면에서 그 중요도를 고려하여 설계 시 허용 월파량을 적용한다. 최근 국내에서는 우리 연안에 맞게 경사식과 직립식 방파제에 적용할 수 있도록 허용 월파량 산정식을 3D-GIS 모듈화로 시뮬레이션 예측 기술을 개발하였다. 특히 경사식 방

그림 12. 최대 월파량과 침수 구역 등을 예측하기 위한 월파 시뮬레이션 사례
(2022년 9월 6일 부산 해운대 마린시티)

파제와 호안으로 구축된 부산의 마린시티 월파량을 쉽게 계산할 수 있는 월파 시뮬레이션 기술을 이용하여 태풍 힌남노가 영향을 미친 9월 6일 새벽 4~5시의 마린시티 일대 최대 월파량과 침수 범람 구역을 하루 전에 예측하여 정보를 제공한 사례가 있다.

또 해안지역에는 무역항, 연안항 및 어항 외에 태풍과 너울성 파도로 인해 발생할 수 있는 월파를 막기 위해 호안, 제방, 방파제 등 해안 보호 시설물을 건설하고 있다. 이렇게 해서 바다에서 이루어지는 경제활동은 물론, 바다와 연안의 아름다움을 즐기려는 사람들이 더욱 안전하도록 노력을 기울이고 있다.

그런데 이 안전장치들이 바다에서 일어나는 자연적 현상과 인간의 활동에 의해 쓰지 못하게 되는 일이 발생하고 있다. 이런 장치들조차 견디기 어려울 만큼의 강력한 태풍이나 높은 파도가 내습해 없어지는 경우는 어쩔 수 없을 것이다. 하지만 인간의 안전을 위해 만들어 놓은 장치를 다시 인간의 활동으로 파손하거나 없애는 일이 많다는 것은 의아한 일이다. 또 지은 지 오래되어 지속적인 유지보수가 필요한 인공구조물은 자연재해가 발생했을 때 제 기능을 하기 어려워 인명과 재산상 피해가 우려되는 상황이다. 기후변화로 인한 기상 이변으로 과거에는 예상하지 못한 태풍이나 월파 등의 이유로 겪게 되는 피해를 줄이기 위해서는 노후한 해안시설물의 철거 후 재시공, 보수·보강 등의 작업이 필요하다.

05
해일로부터 안전해지기

태풍의 저기압이 일으키는
폭풍해일

폭풍해일은 태풍의 저기압 때문에 해수면이 상승한 상
황에서 태풍의 강력한 바람이 육지 쪽으로 불 때 일어나는
연안재해다. 바닷물이 불어난 상태에서 큰 바람이 육지로
불면 바람에 따라 바닷물이 밀물처럼 덮쳤다가 썰물처럼 빠
져나간다. 밀려왔다 빠져나가는 물의 규모는 해안가 인근 주
택과 상가를 바다 가운데로 쓸어가고, 어항과 항만 구조물
에도 큰 타격을 줄 정도다. 특히 음력 보름과 그믐 무렵 밀
물이 가장 높아지는 대조기에 폭풍해일까지 발생하면 연안
저지대에서는 더 큰 침수 피해가 발생한다.

국내에서 일어난 대표적인 폭풍해일은 2003년 9월 12일 태풍 '매미'가 상륙했을 때 진행되었다. 경남 남해안에 '매미'가 상륙할 당시 마산시(현재 창원시)는 해수면이 상승한 상태였고, 만조 때라 바닷물이 가득 밀려 들어왔다. 이런 상황에서 태풍으로 강한 바람이 불자 5미터 높이의 해일이 일었다. 아파트 한 층의 높이를 2.5미터라고 한다면 2층이 잠길 정도의 바닷물이 밀려왔다는 말이다. 이 때문에 저지대 주택과 상가가 잠겼고, 수십 명의 인명피해가 났다. '매미'로 인해 부산항은 강풍에 크레인이 넘어가는 등 항만 시설물이 파손되었고, 부산의 연안 도시인 마린시티는 월파로 상당한 피해를 겪었다.

가장 최근에는 2022년 9월 6일 태풍 '힌남노'로 인해 부산 해운대에 최대 약 10미터의 파도가 들이닥치는 폭풍해일과 유사한 월파가 발생했다. 이렇게 월파를 동반한 해일은 우리가 활동하는 연안의 주거지나 상가에서 맞닥뜨릴 수 있는 재해여서 더욱더 큰 상처와 피해를 남긴다. 포항에서는 태풍이 동반된 집중호우로 새벽 시간에 형산강이 범람하였으며, 철강 생산지 일대가 잠겨 강철 생산이 중단되기도 하였다. 이러한 몇 가지 사례는 폭풍해일에 의한 직접적인 피해는 아니지만, 태풍의 내습으로 해수면이 상승한 상태에서는 강 하구가 언제든지 흘러넘칠 수 있고, 특히 연안의 저지내는 해일과 집중호우에 의한 도시 범람이 언제든지 일어날 수 있음을 보여준다.

깊은 바다의 흔들림이 만들어낸 지진해일

똑같이 큰 물결이 육지로 들이닥치는 현상이지만, 폭풍해일과 달리 지진해일은 주로 깊은 바닷속 해저 지진에 의해 일어난다. 쓰나미라 불리는 지진해일의 특징은 바닷물이 빠르게 빠져나가면서 다음 해일이 되풀이하여 밀려온다는 것이다. 일반적으로 진원 깊이 80킬로미터 이하의 얕은 곳에서 지각의 수직 단층운동에 의한 지진이 규모 6.3 이상으로 발생할 때 지진해일이 일어날 가능성이 높다.

2000년대 이후 세계적으로 가장 큰 피해를 낸 지진해일은 2004년 12월 26일, 인도네시아 수마트라섬 인근 북위 3.316도, 동경 95.854도, 진원 깊이 30킬로미터에서 일어난 해저 지진에서 비롯되었다. 이 해저 지진은 인도양에서 발생한 약 9.3 규모의 강진이었다. 지진해일은 인도네시아 수마

트라섬을 비롯하여 스
리랑카, 인도, 타이 등
에 들이닥쳤다. 이 해
일로 인도네시아 11만
229명, 스리랑카와 인
도, 타이 등 주변 해안

그림 13. 지진해일(쓰나미)이 휩쓸고 간 후
폐허로 변한 인도네시아 수마트라섬의
반다아체 지역(2005년 1월)과 지진이
일어난 위치(아래)

지역에서 약 15만 7000명이 죽거나 실종되거나 다쳤다.

2011년 3월 11일에는 일본 도호쿠 지방에서 지진해일
이 발생했다. 일본 산리쿠 연안 태평양 앞바다인 도호쿠 오
시카반도 동쪽 70킬로미터 지점, 진원 깊이 24~29킬로미

터 해저에서 규모 약 9.1의 강진이 일어났다. 이로 인해 만들어진 해일이 도호쿠 지방의 이와테현 미야코시에 들이닥쳤는데, 그 높이가 40.55미터에 달했다. 해일은 해안가 마을만 덮친 것이 아니라 더 깊은 내륙까지 들이닥쳤다. 미야기현 센다이시에는 내륙으로 10킬로미터 센다이공항까지 해

그림 14. 지진해일(쓰나미)로 인한 후쿠시마 원전 사고로 방사능에 심각하게 오염된 지역의 출입을 통제하는 모습(2012년 2월)과 지진이 일어난 위치(위)

일이 밀려들었다. 이 지진해일에 의해 후쿠시마 원자력 발전소에서 전기 발전기가 꺼지는 사고가 일어나 냉각수 공급이 차단되면서 원전이 폭발했다.

후쿠시마 원자력 발전소 사고가 일으킨 파장은 상상을 초월했다. 이 사고로 인한 피해는 2023년 현재도 진행 중이다. 일본은 지진이나 지진해일이 자주 일어나는 곳으로, 그 방재에서도 선진국으로 알려졌으나 이 지진해일에 따른 인명피해는 1만 9689명에 달했다. 또 후쿠시마 원전이 폭발하면서 그 주변은 사람이 살 수 없게 되었으며, 많은 이재민이 발생했다. 보험사들은 이 지진해일로 인한 손실액을 최대 346억 달러(약 46조 원)로 추정하였다. 전체 피해액도 약 2,350억 달러(약 310조 원)로 집계되어 그야말로 전무후무한 기록을 남겼다.

우리나라에서는 2021년 12월 14일 17시, 제주도 서귀포시 서남쪽 41킬로미터 해역에서 규모 4.9의 지진이 발생한 적이 있다. 앞서 말했듯이 흔히 지진의 규모가 6.3 이상일 때 지진해일이 발생할 가능성이 높기 때문에 지진해일이 발생하지는 않았다. 그렇다고 해서 우리나라가 지진해일의 안전지대는 결코 아니다. 특히나 지진해일이 잦은 일본과 접한 우리나라의 지리적 여건을 보면 그 위험성이 높다. 1983

년 5월 26일, 일본 아키타현 해역에서 발생한 7.7 강진의 여파로 우리나라가 피해를 겪은 사례가 있다. 삼척 임원항을 포함한 동해안 지역에서 한 명이 사망했으며, 가옥 42채와 선박 81척이 부서지거나 물에 잠겼다. 1993년 7월 12일에는 일본 오쿠시리섬 북서쪽 바다에서 7.8 규모의 강진이 발생해 약 3미터의 지진해일이 동해안을 덮쳤다.

이처럼 우리나라는 일본의 바닷속 지진에 의해 발생한 해일이 우리 해역으로 전파되어 지진해일의 피해를 볼 수 있다. 따라서 이에 대한 면밀한 추적과 관찰이 뒤따라야 할 것이며, 지진해일에 대비하기 위한 시설과 장소를 마련하고 행동요령도 익힐 필요가 있다.

해일로부터
안전해지기 위한 노력

지진해일은 해저에서 발생한 지진과 해저의 화산활동, 운석 충돌 등으로 인해 수면이 급격하게 상승하며 바닷물이 육지로 밀려드는 현상이다. 이에 비해 폭풍해일은 태풍이나 강한 저기압이 연안으로 접근하면서 태풍의 눈 주변의 저기압에 의해 해수면이 갑자기 상승하는 현상이다.

지진해일은 수심에 비해 파장이 수십에서 수백 킬로미터에 이르는 매우 긴 파도가 발생하여 연안으로 빠르게 전파된다. 해일이 해안에 가까워질수록 수심이 얕아지므로 속력은 줄고 파고(해일고)는 높아져 연안재해가 일어난다. 폭풍해일은 태풍의 강도와 크기가 크고 태풍의 중심기압이 낮을수록 연안에서 해수면을 끌어 올리는 힘이 강해진다. 대기압이 1헥토파스칼(hPa, 1헥토파스칼은 1파스칼의 100배로 1파스칼은 제곱미터당 1뉴턴에 해당하는 압력) 낮아질 때 해수면은 약 1센티미터 안팎으로 높아진다. 따라서 강한 저기압 영역이나 태풍의 중심부는 주변보다 기압이 수십 헥토파스칼 더 낮기 때문에 수십 센티미터 이상 부풀어 오른 해수면 위의 파도가 해안가를 덮치면서 큰 피해를 준다.

서해안과 남해안은 태풍이 해안가로 내습할 때 대조기(大潮期) 만조위(滿潮位)와 겹치면 해수면 상승효과를 더욱 높여 2003년 9월 12일 태풍 '매미'가 강타했을 당시와 같이 피해가 더욱 커질 수 있다. 기후변화로 태풍의 강도가 세진 상태에서 해안가를 덮친 폭풍해일에 따른 연안재해가 크게 우려되는 실정이다. 또 최근 우리나라 해안가와 일본 연안 바닷속에서 빈번하게 일어나는 지진으로 지진해일에 의한 연안재해 발생 위험도 점차 증가하고 있다.

해일로부터 연안을 지키기 위해서는 무엇보다도 폭풍해일과 지진해일에 대한 실시간 추적과 정확한 예측 시스템 구축 및 대책 마련이 절실하다. 이에 해양수산부는 태풍에 의한 폭풍해일이 염려되는 연안 지역에 월파와 해일 모니터링 시스템을 운용하고 있으며, 행정안전부는 지방자치단체와 함께 지진해일이 우려되는 해안가 지역에 대피 안내 표시판을 설치하는 등 지진해일 발생 시 국민 행동요령을 제공하고 있다.

06
해수면 상승은 왜 위험할까?

해수면이 높아지는 이유

지구온난화를 이야기하면 필연적으로 거론되는 것이 평균 해수면 상승 문제이다. 지구가 더워지면 얼음의 형태로 남아 있어야 할 빙하가 녹는 현상이 반복되면서 해수면이 상승하기 때문이다. 지구온난화에 대한 전 세계의 고민을 점검하고, 이에 대응하기 위해 만들어진 기후변화에 관한 정부 간 협의체(IPCC) 기후변화협상회의에서는 매년 기후변화에 따른 해수면 상승 문제를 분석한다. 이와 관련해 기후변화협상회의에서는 해수면 온도, 해수면 상승 등의 지구온난화와 맞물려 있는 바다의 움직임과 변화에 주목하고 있다.

어떤 사람들은 해수면은 원래 높았다 낮았다 하는 것이 아니냐고 의문을 던질 수 있다. 바다로 달려가 단 5분만 서 있으면 바다의 면이 파도를 타고 높았다 낮았다 하는 것을 관찰할 수 있다. 분명 해수면은 시시각각 변하는 것처럼 보인다. 실제로 해와 달 그리고 지구 사이의 끌어당기는 힘의 차이로 일어나는 조석 현상이 바닷물을 반복해서 높아지거나 낮아지게 만들기도 한다. 그러나 이와 구별해서 보아야 할 것이 있다. 자연 현상에 의해 장기간 해수면이 높아지면 이를 해수면 상승으로 본다.

앞서 언급했듯이, 일반적으로 해수면이 상승하는 요인은 두 가지다. 우선 바다가 더워지면서 열팽창 현상이 나타나 바닷물의 부피가 늘어나고, 이것이 해수면의 높이를 끌어 올린다는 것이다. 여기에 차가운 얼음을 품은 그린란드와 남극지방의 빙상 또는 빙하가 녹아서 바닷물의 부피를 더해주어 해수면이 더욱 높아지고 있다. 물론 이 두 요인의 공통점은 해수와 대기 온도의 상승임을 알 수 있다. 바닷물의 팽창도, 빙하가 녹는 것도 지구의 기온이 비정상적으로 올라가는 지구온난화가 깊게 관여되어 있다.

해수면이 높아지면
어떤 일이 생길까?

모든 육지는 바다와 경계를 이룬다. 우리가 앞에서 연안에 사는 사람들의 위험요소로 해안침식을 다룬 이유는 해안침식으로 인해 바다의 경계선이 급격하게 육지 쪽으로 넓어지기 때문이었다. 해안선이 깎이면 바다 가까이에서 살아가는 사람들의 거주지와 시설이 위험해지고, 생활도 불편해진다.

해수면 상승도 육지와 바다의 경계선 문제로 볼 수 있다. 하지만 해안선이 깎이는 것은 바다와 육지가 생겨난 이래 늘 있었던 자연적인 현상인 반면, 해수면이 상승해 인간에게 재해를 입히는 것은 인간이 바닷물을 팽창하게 만든 탓이 크다. 이는 기후변화로 인해 빙하가 녹고 바닷물이 따뜻해지면서 해수면이 비정상적으로 높아졌다는 말과도 통한다. 앞서 살펴본 투발루의 문제처럼 본래는 사람이 안심하고 살던 육지가 해수면이 높아지면서 바다로 잠기면 더는 살 수 없게 된다. 우리나라 역시 해수면 상승의 위험에서 예외가 아니다. 특히 우리나라는 삼 면이 바다로 둘러싸여 항구가 있는 대도시가 많다.

2022년 해양수산부가 발표한 자료에 따르면, 우리나라 해수면이 지난 33년 동안 평균 9.9센티미터 상승한 것으로 나타났다. 그 양상을 보면, 2010년대 이후의 상승이 1990년대에 비해 10퍼센트 이상 빨라졌다. 만약 이런 속도로 해수면 상승이 지속된다면 많은 지역이 바다에 잠기는 일이 일어날지도 모른다. 실제로 국내에서 진행된 해수면 상승 시뮬레이터에 따르면, 2050년에 여의도의 83배에 이르는 침수지역이 발생할 것으로 예상된다. 해수면 상승으로 인한 피해는 자세하게 설명할 필요도 없는 사안이다. 그냥 단순히 '많은 지역과 도시가 그대로 물에 잠긴다'는 간단한 말 한마디로 그 결과를 쉽게 예상할 수 있기 때문이다.

기후변화에 따른 지구의 위기를 말하는 책들에서는 현재의 온난화와 해수면 상승 추세가 계속 이어졌을 때 일어날 수 있는 일들을 우리에게 익숙한 세계적인 도시와 건축물이 물속에 잠긴 모습으로 그려내고 있다. 미국 뉴욕의 허드슨강 리버티섬에 있는 자유의 여신상 주변 다리와 구조물이 물에 잠기고, 쿠바의 수도 아바나가 2050년에 완전히 잠기며 시드니에 자리한 오페라하우스도 지붕과 일부 층을 남기고 물속에 잠긴다고 한다. 더욱 우리를 긴장하게 만드는 것은 그린피스가 내놓은 2030 한반도 대홍수 시나리오에서 인천공항과 부산 해운대의 침수 시뮬레이션이다. 여기에는 해운대 인근의 마린시티와 수영만의 마리나 시설이 전부 물에 잠기는 것으로 나타난다.

그림 15. 월파로 발생할 수 있는 침수 시뮬레이터
(파란색으로 표시된 침수 예상 지역)

그림 16. 지질해일로 발생할 수 있는 침수 시뮬레이터
(보라색으로 표시된 침수 예상 지역)

해수면이 상승하면
일어날 수 있는 일들

　해수면의 상승은 장기적인 측면에서 해수면의 평균치를 올려 우리가 '연안재해'로 여기는 대부분의 현상을 더 강하게 만드는 기폭제 역할을 한다. 연안에서 태풍에 의해 발생할 수 있는 폭풍해일은 태풍의 눈 중심 부근의 낮은 저기압으로 인해 일시적으로 해수면을 더욱 높인다. 또 먼바다의 태풍 때문에 일어날 수 있는 해안가의 너울성 파도도 과거보다 해수면이 상승한 상태에서 연안재해 위험을 더욱 부추기고 있다. 따라서 연안을 이용하는 사람들이 받을 피해도 더욱 커지고 있다. 최근 우리나라 남해안과 동해안에서 태풍의 내습에 의한 방파제 월파와 저지대 침수, 너울성 파도로 인한 해수욕장의 침식 피해는 기후변화에 따른 해수면 상승으로 점차 심각해지고 있다.

　지구온난화 문제를 논할 때 바다의 변화와 움직임을 분석하고 예측하는 일은 빼서는 안 될 핵심 사항이다. 특히 기존의 각종 연안재해를 더욱 크게 만드는 해수면 상태에 대한 관측과 분석은 매우 중요하다. 그 때문에 기후변화에 관한 정부 간 협의체(IPCC)는 해수면 상승을 예의 주시

하고 있다. 본 협의체는 2021년 제6차 평가보고서(AR6)에서 "기후변화가 이대로 진행된다면 해수면은 매년 10밀리미터 넘게 상승할 것"이라고 말한다. 매년 10밀리미터라는 높이는 크지 않은 수치 같지만, 약 80년 후인 2100년에 적용하여 산술적으로 계산하면 해수면이 약 80센티미터 높아진다는 말이다. 이렇게 되면 아마도 해수면 상승의 영향을 받지 않는 해안가가 없을 것이다. 바꿔 말해, 우리나라 대부분의 연안이 해수면 상승이 촉발하는 연안의 재해로부터 자유로울 수 없다는 뜻이다.

UN의 기후변화 보고서의 예측대로 2100년까지 해수면이 지금보다 약 1미터 이상 높아진다면 인천의 연안부두와 영종도, 군산시, 목포시, 순천시, 부산의 저지대 및 해안가 등은 물에 잠겨 항구나 공항으로 이용할 수 없게 된다. 더 놀라운 것은 많은 전문가가 IPCC가 제시한 이 수치를 오히려 과소평가된 것으로 보고 있다는 점이다. 이들은 이에 더해 북극과 남극의 얼음이 본격적으로 붕괴하고 영구 동토층이 녹으면 해수면은 더 가파르게 상승할 가능성이 있다고 말한다.

해수면 상승에 대한
과학적 접근

　최근 해수면 상승과 관련한 국제공동연구진은 국립해양조사원에서 50년 이상 관측한 조위 검조소(潮位檢潮所)의 장기 조위 자료를 이용하여 우리나라 연안의 상대적인 평균 해수면 상승률, 상승속도, 상승 가속도 산정에 대한 연구결과를 발표하였다. 1961년부터 2018년까지 절대 해수면 상승률은 연간 3.5밀리미터로 산정되었다. 반면에 우리나라 장기 조위 검조소 자료와 1992년 9월부터 2019년 5월까지의 위성 고도계 자료를 이용한 우리나라 연안의 연간 절대 해수면 상승률은 제주 2.6밀리미터, 부산 3.3밀리미터, 여수 3.4밀리미터, 울산 3.6밀리미터로 산정되었다.

　최근 장기 해수면 상승에 관해 연구하고 있는 호주의 필 왓슨(Phil Watson) 박사는 지금의 지구온난화가 지속된다면 2100년, 호주 시드니의 데니슨 요새(Fort Denison) 연간 해수면 상승률은 약 16밀리미터가 넘게 올라갈 것으로 예측한 연구결과를 제시했다. 이 결과는 학계에 큰 반향을 일으켰으며, 일반 대중에게도 다소 충격을 주었다. 장기 해수면 상승 연구란 말 그대로 80년 이상 관측된 조위 검조소 자료를 분석하여 오랜 기간 해수면이 얼마나 상승했는지를 종합적으로 분석하는 것을 말한다. 언뜻 수치만 살피는 것 같은 이 연구는 해수면 상승으로 인한 피해를 줄이기 위한 가장 기초적인 연구라 할 수 있다. 다행히도 이러한 연구는 10년 후, 50년 후, 100년 후의 해수면 높이를 거의 비슷하게 예측할 수 있다. 이와 함께 오랫동안 이루어진 해수면 상승 현상을 대중에게 알림으로써 해수면을 높이는 기후변화의 위험성과 이를 부추기는 인간의 행동에 대해 경각심을 주고 있다.

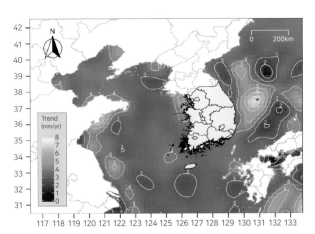

그림 17. AVISO 위성 자료(1992.9~2019.5)에 기반한 우리나라 주변 해수면의 변화 추세(Watson and Lim, 2020)

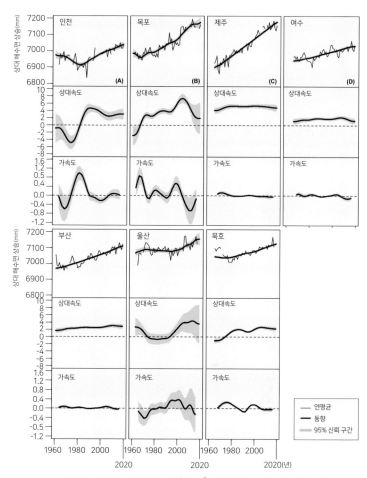

그림 18. 우리나라 장기 조위 관측자료를 이용한 장기 해수면 상승률 분석

(Watson and Lim, 2020)

해수면 상승으로부터
안전해지기

　인간의 이산화탄소 배출 활동으로 뜨거워진 지구, 그 지구로 인해 녹고 있는 북극과 남극의 빙하 그리고 이로 인한 해수면 상승은 인간에게 닥친 큰 재앙이 아닐 수 없다. 해수면이 높아지면 태풍에서 비롯된 폭풍해일에 의한 월파와 침수, 해안침식 등 연안재해가 더 엄청난 해양재난으로 다가올 가능성이 크다. 해수면 상승에 맞서 방파제의 설계 해면을 높이거나, 해안을 따라 방벽을 만들어서 바다로부터 연안 도시를 지키는 일 등은 한계가 있다. 우리나라 서해안과 남해안은 조수 간만의 차가 커서 태풍이 해안으로 접근할 때 보름이나 그믐인 경우 해수면 상승에 따른 피해가 더 커질 수 있기 때문에 철저한 대비가 필요하다.

　기후변화로 인한 해수면 상승으로부터 연안에 거주하는 국민의 생명과 재산을 보호하기 위해서는 연안 공간을 이용하는 것에 대한 적절한 안전대책이 필요하다. 재해 위험이 높은 주요 연안 지역은 매립이나 정리를 통해 완충구역을 확보하고, 부지 활용을 위한 재해완충구역을 선정할 수 있도록 지원해야 한다. 재해완충구역을 선정하기 위해서는 해수면 상승과 태풍, 파랑, 월파, 해안침식 등 연안재해 평가와 해양공간 안전지수를 개발할 필요가 있다. 예를 들면 해안가 주택과 시설 등 연안 지물(地物)의 안전지수 설계나 바람, 파랑, 월파 등에 의한 거동위험 평가 정량화 기법 등을 개발하는 것이다. 주요 연안별 지형, 기후 특성과 재해 규모 등을 고려하여 위험도를 정량적으로 평가할 수 있는 '연안 공간 안전지수'를 개발함으로써 해양이 일으키는 재해와 재난에 선제적으로 대응해야 한다.

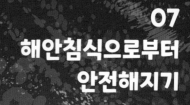

07
해안침식으로부터
안전해지기

모래사장이 사라지고 있다!

여름휴가 때 해수욕장에 간다고 하면 바다에서 수영을 즐기고 따뜻한 모래사장에 누워 일광욕을 하거나, 모래성을 쌓으며 노는 것을 생각한다. 이 바닷가 모래들은 어디에서 왔을까? 우리가 학교에서 배운 대로 아주 오래전 바위가 깎여서 가벼운 모래알갱이가 되고, 이것이 강물로 운반되어 바닷가에 모인 것일까? 아마 예전에는 그랬을 것이다. 그런데 요즈음 해수욕장 중에서는 모래를 사 오는 곳도 있다. 바로 우리나라의 대표적인 모래 해변인 해운대 해수욕장이 그렇다.

그런가 하면 모래가 점점 사라져서 더는 아름다운 모

래사장을 볼 수 없는 바닷가도 있다. 레일바이크로 유명한 동해안의 정동진 해변은 모래사장이 사라질 위기에 처해 있어 언젠가 해안가의 지형이 달라질지도 모른다. 해안가의 모래는 그 크기와 쌓인 모양새 등에 따라 사빈, 사구 또는 해안사구 등으로 나뉜다. 사빈이란 해수욕장에 쌓인 모래이고, 동해안에서 주로 볼 수 있다. 사구란 해안가에 있는 모래 언덕으로 파도 에너지를 줄이는 천연방파제 역할을 한다. 해안사구는 경포대와 같이 사빈과 사구 뒤에 소나무 등의 식생(植生)이 이동하면서 쌓인 모래를 고정해 발달한 곳으로 호안을 포함해 해수욕장의 각종 시설물은 대개 해안사구 위에 설치한다.

이 모래들은 바닷물의 움직임에 따라 쌓이거나 또 깎이기도 한다. 하지만 자연스러운 것인 줄 알았던 이 움직임이 연안의 공간을 위협하고 있다는 사실이 밝혀졌다. 이야기는 이렇다. 해수욕장의 모래인 사빈으로 구성된 해안선은 모래사장과 바다의 경계가 된다. 그런데 이 해안선이 파도와 바닷물에 심하게 깎이면 모래사장과 바다의 경계가 달라진다. 이는 결국 우리의 쉼터인 모래사장이 깎여 그 공간이 줄어들고, 나아가 연안의 공간이 함께 위협받게 됨을 의미한다.

모래사장이 깎인다는 것을 어떻게 알 수 있을까? 모래 사장이 깎이면 기존에 있던 해안선이 전진하거나 후퇴한다. 해안선의 전진과 후퇴를 이해하려면 토사의 이동, 즉 표사가 어디서 들어오고 어디로 나가는지부터 알아야 한다. 해안선의 변화는 파도의 영향이 절대적인데, 파도에 의해 발생하는 흐름에 따라서 모래가 이동한다. 해안가의 파도는 외해 바람으로 인해 단기적으로 변하는 경우가 대부분이다. 그래서 일시적으로 침식을 유발했다가 파도가 잔잔해지면 상당 부분 모래를 원위치로 돌려놓는다.

회복되는 시기는 너울성 파도의 경우 수일에서 수주 걸리지만, 계절에 따라 달라지는 파도의 방향이 원인이라면 몇 개월에서 몇 년이 지나야 회복된다. 만약 오랜 기간 사빈 해안선이 전체적으로 계속 전진하거나 후퇴하고 있다면 그 해변은 모래(표사)가 나가고 들어오는 평형상태가 파괴된 것으로 볼 수 있다. 이런 과정이 반복되고, 들어오는 모래의 양보다 나가는 모래의 양이 많아진다면 해안에는 눈에 띄게 침식 현상이 일어난다. 또 이렇게 해안이나 모래사장을 깎는 침식 때문에 해변의 모래사장 면적은 계속 줄어들게 된다.

해안침식은 왜 연안을 위험하게 만들었을까?

파도가 밀려오고 밀려 나갈 때 모래도 쌓였다가 빠져 나가기를 반복한다. 이는 자연적인 움직임이다. 문제는 밀려오고 밀려 나가는 각각의 과정이 한쪽으로만 치우칠 때 나타난다. 밀려 나간 모래만큼 다시 모래가 들어온다면 그 모래들이 이루고 있던 자연의 상태는 그대로 유지될 수 있다. 그러나 모래가 밀려 나가기만 하고 들어오지 않는다면 그때부터 그 모래는 사라졌다고 표현하는 것이 맞을 것이다.

밀려 나갔다가 제자리로 들어오지 못하는 상태가 지속되면 연안은 또 위험해진다. 이러한 위험은 태풍, 폭풍, 월파와 같은 바다의 에너지와 관련이 있다. 특히 기후변화로 인해 해수면이 상승하고 바다의 수온이 높아져 해수의 열에너지가 쌓이는 데다, 연안을 향하는 파도의 힘이 강력해지면서 연안은 더 위험해졌다. 해안선을 이루며 쌓여 있는 모래와 퇴적물은 그 자체로 연안을 보호하는 방벽이 되지만, 이런 역할을 하지 못하고 점점 후퇴하고 있다. 마치 갈수록 뒤처지는 전장(戰場)에서 상대의 기세에 밀려 힘을 잃은 듯한 모습이다. 바다에서 일어나는 거센 파도나 폭풍우 같은 위험으로부터의 저지선이 뒤로 밀리고 있는 것이다.

그런데 거대한 힘을 가진 너울성 파도가 휩쓸고 가는 모래의 양이 점점 더 많아지면서 이렇게 모래가 사라지는 현상이 갈수록 심각해지고 있다. 모래가 사라지는 현상은 단기간에 눈에 띄는 것이 아니어서 보통 사람들은 느낄 수 없지만, 십 년 또는 그 이상 계속될 것을 생각하면 자연적인 원인에 의한 침식 피해는 전국적으로 커질 것으로 보인다. 기후변화로 파도의 강도가 세지면서 해변으로 올라오는 파도, 즉 너울성 파도의 처오름 현상도 잦아지고 있으며, 해수면 상승은 처오름 현상을 더욱 부추기고 있다.

국내에서 가장 많은 사람이 찾는다는 해운대 앞바다의 모래도 점점 사라지고 있다. 사라지는 모래의 양은 해운대 바다에서 발생하는 너울성 파도의 크기와 파랑에너지에 비례한다. 해운대 바다의 여름 파도는 다른 계절에 비해 뚜렷하게 높게 나타난다. 이는 여름철 태풍으로 너울성 파도와 바람의 세기가 점차 커진다는 사실을 보여준다. 해운대 해변의 모래사장이 침식하는 가장 큰 원인은 여름철 태풍이며, 기후변화에 따라 더 큰 태풍이 더 자주 우리나라에 상륙하기 때문에 침식 강도는 점점 더 커질 것이다. 반면에 동해안의 안목해변은 겨울철 파도의 높이가 높아짐에 따라 침식이 일어난다. 동해안 해변은 주로 북동 계절풍이 발달하는 겨울철 돌풍에 의해 해빈침식이 일어나는데, 지금과 같은 추세라면 점점 더 많은 해변이 깎일 것으로 예측할 수 있다.

바닷속 지형이 만들어낸 해안선 변화

우리나라 지도를 놓고 동·서·남 해안을 들여다보면 동해안의 해안선은 대체로 일직선보다는 구불구불한 모양이라는 것을 알 수 있다. 이를 과학적으로 해석하면 백사장의 넓이가 해안선을 따라 상당히 규칙적으로 증감했다고 본다. 해안선이 후퇴했다는 것은 백사장 모래가 침식해 유실되었다는 말과 통한다. 해안선이 줄었다 늘었다 하는 것은 그 공간이 넓어졌다 좁아졌다 한다는 말인데, 그렇게 보면 침식에서 비롯된 해안선의 변화는 결코 사소한 문제가 아니다. 해안선을 따라 형성된 연안에 사람들의 생활공간이 자리하기 때문이다.

연안에는 고기잡이 선박을 보호하기 위한 어항(漁港),

큰 배들이 정박할 수 있는 항만을 보호하기 위한 방파제와 섬안시설 등 많은 인공구조물이 곳곳에 설치되어 있다. 식당가를 비롯한 건물들이 줄지어 있기도 하고, 주차장이나 호안 등 편의시설과 휴식 공간도 존재한다. 대부분의 해안시설과 구조물은 바다의 풍경을 이용하려는 목적으로 해안선과의 거리가 매우 짧다. 따라서 이런 시설들이 입을 수 있는 재해로 월파 등에 의한 침수 피해를 떠올리는 것이 보통이다.

하지만 생각지도 못하게 조금씩 진행되어 온 해변의 침식 현상 때문에 건물이나 구조물 등이 파손되기도 한다. 물론 해변의 모래가 충분히 남아 있고, 급격하게 해안선이 변하지 않는다면 하루아침에 건물이 무너지는 일은 없을 것이다. 그래도 갑자기 모래를 다른 곳으로 옮기거나 지반의 형태를 급격하게 바꿀 수 있는 태풍, 해일, 월파, 너울성 파도와 같은 큰 파랑에너지를 가진 외부 압력의 영향이 잦아진다면 침식의 영향은 더 크게 작용할 수 있다. 더구나 이 해안선이 침식으로 인해 이미 후퇴한 상태에 있다면 그 위험은 배가 된다.

그렇다면 해안선 굴곡은 왜 생기는 것일까? 해양공학과 해양지질학에서는 활 모양으로 굴곡진 해안을 커스프

(cusp) 해안이라고 한다. 이 커스프의 생성 원인에는 몇 가지 이론이 있는데 모두 쇄파대(碎波帶, 물결이 부서지는 점에서부터 해안선까지 이르는 구역)에서 바닷물의 흐름 변화, 즉 해빈류(파랑류)의 변화와 관련이 있다고 보고 있다. 특히 동해안 쇄파대에서는 모래 이동이 활발해 해안선에서 얼마 떨어지지 않은 수심 약 5미터 이하 물속에 호형(弧形) 사주라는 특이한 지형이 빈번하게 형성되는데, 이것이 해안선과 매우 밀접하게 연관된다. 다시 말해 육지 쪽으로 만곡된 해안선은 호형 사주의 만(灣, bay)과 이어지고, 바다 쪽으로 돌출된 해안선은 호형 사주의 각(角, horn)과 연결된다. 따라서 해안선을

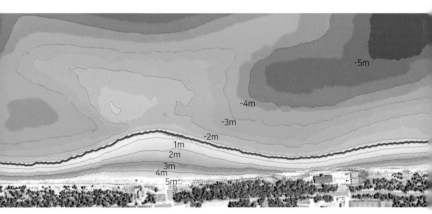

그림 19. 2016년 9월 27일 안목해변 해안선과 해저지형(각부 및 만부)의 상호작용
(해양수산부, 2018)

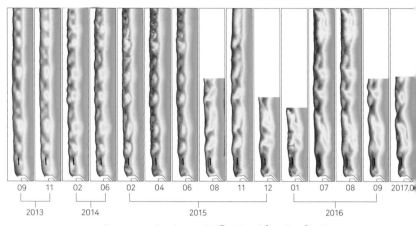

그림 20. 2013년에서 2017년 안목해안의 호형 사주 지형 변화

(해양수산부, 2018)

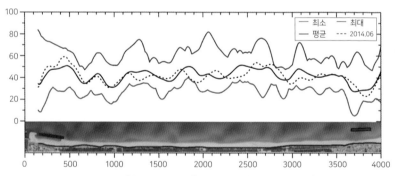

그림 21. 1979년 11월에서 2015년 5월 강문항~강릉항 사이 해빈 폭의 변화

(해양수산부, 2018)

육지의 바다 쪽 끝부분으로 보지만, 반대로 쇄파대 지형의 육지 쪽 경계선으로 볼 수도 있다. 동해안의 대부분 해안선에 발달한 호형 사주는 다양한 지도 어플리케이션 위성사진에서도 잘 보인다.

커스프 해안선은 굴곡이 또렷하여 일정한 파형을 이룬다. 반면 쇄파대에는 호형 사주의 각부와 만부가 잘 발달해서 해안선이 돌출한 부분에는 얕고 편평한 각부가 붙어 있고, 만곡된 해안선은 상대적으로 깊은 만과 이어진다. 이 만은 평상시 이안류(離岸流, 짧은 시간 동안 매우 빠른 속도로 해안에서 바다 쪽으로 흐르는 좁은 표면 해류)의 통로가 되며, 겨울철 폭풍이나 여름철 태풍 발생 시에 높은 너울성 파도가 상대적으로 덜 쇄파가 된 상태로 이 골을 따라 해빈에 접근한다. 따라서 호형 사주 만에 접하는 해안선은 파도의 힘이 배후의 인공구조물에 더 가까이 전달되는 취약한 지점이 될 수 있다. 또 해변 가까이 인공구조물이 있는 곳은 해안선의 해빈 폭이 짧고 호형 사주의 만이 발달한 경우가 많다. 이런 바닷속 지형의 변화가 결국 해안선의 변화를 만들어낸다.

하천 모래 부족으로 인한 해안침식

우리나라 해변은 거의 예외 없이 모래를 공급해 줄 수 있는 하천으로 연결되어 있다. 큰 해변은 큰 하천과 이어지고, 아주 작은 해변은 거의 알려지지 않은 작은 천으로 이어져 각각 그 규모에 맞게 모래를 공급받는다. 예를 들면 해운대 해변은 춘천을, 경포해변은 경포천을 끼고 있지만, 이들보다 작은 울진 후정해변으로 흘러드는 후정천은 유량이 상당히 적다. 따라서 흘러드는 모래의 양도 적다. 해변의 모래는 해변과 연결된 하천에서 온다. 이 때문에 어느 특정 해변의 모래 특성을 알고 싶다면 이와 연결된 주변 하천을 살피면 된다.

특정 해변과 연결된 하천의 모래는 그 특성만 같은 것이 아니다. 해변과 연결된 하천 간에 주고받은 모래의 양 사이에도 일정한 산술적 관계가 성립한다. 그리고 이 산술적 관계에 대한 해석과 결과는 곧 해변의 침식을 판단하는 기준이 된다. 무척이나 복잡해 보이겠지만, 해변이 하천으로부터 받는 모래의 양과 그 해변이 실제로 필요한 모래의 양의 균형을 생각하면 이해하기 쉽다. 해변에서 모래가 많이 빠져나가더라도 그보다 더 많은 양의 모래가 해변으로 공급된다면 모래가 줄지는 않을 테니 침식이 이루어졌다고 보지 않는다는 말이다. 반면, 빠져나간 모래의 양이 들어오는 모래의 양보다 많다면 이는 모래의 유실이자 침식 현상으로 본다.

자연환경에서는 태풍이나 폭풍에 의해 모래가 외해로 떠내려가 없어지더라도 하천에서 꾸준히 모래가 공급되면 해변은 그 상태를 유지할 수 있다. 수요와 공급의 평형상태인 셈이다. 이러한 평형상태에서는 태풍과 폭풍으로 침식된 모래 대부분이 바다에서 해안으로 들어오는 너울성 파도가 부서지는 지점, 즉 쇄파대에서 호형이나 다른 형태의 연안 사주로 퇴적되었다가 평상시의 파랑 환경에서 대부분 해변으로 다시 이동한다. 이렇게 되면 해안선이 다소 후퇴했다 하더라도 곧 전진하여 이전으로 복귀한다. 따라서 이 정도의 침식은 곧 회복될 반복적 자연 현상으로, 재해로 분류하지는 않는다.

그러나 동해안의 겨울철이나, 남해안의 여름철에 이루어지는 해안선의 후퇴는 조금 다르다. 이 시기 동해안과 남해안에는 해변 밖으로 이동한 모래가 다시 안으로 들어오지 못하는 현상이 발생한다. 그렇다면 이 해변과 연결된 하천에서 모래를 충당해 평형상태를 만들어 주어야 하는 것이 이론적으로 맞다. 하천의 모래가 풍부했던 과거에는 모래의 들고 나감 현상이 자연적으로 평형을 이루어 해변의 모래사장이 유지되는 경우가 많았다. 하지만 이제는 그 흐름이 깨져 평형을 이루지 못하는 상태가 계속되고 있다. 우리나라의 하천 대부분이 과도하게 개발되어 바다와 하천이 맞닿는 지점인 하구(河口)까지 도달하지 못하기 때문이다. 그 대표적인 사례가 물속에 낮게 설치한 수중보나, 하천을 콘크리트로 덮은 복개공사다. 이런 인공구조물이나 인위적인 개발 행위는 하천의 자연적인 흐름을 막아 모래가 포함된 하천 퇴적물을 하구까지 온전히 보내는 데 장애가 되고 있다.

하천에 설치한 둑과 같은 구조물이 하천에서 들어오는 모래의 흐름을 막는다면, 해변에 설치한 인공구조물은 해변으로 들어오는 모래의 유입을 막는다. 이와 같은 상황은 우리나라 해안 가운데 침식이 가장 빨리 그리고 심각하게 일어나는 것으로 평가되는 동해안을 보면 알 수 있다. 동해안의 인공구조물 대부분이 항구나 포구에 퇴적물, 즉 토사의 유입을 차단하기 위해 설치한 것이다. 물론 항구나 포구에 퇴적물이 유입되어 쌓인다면 배가 드나드는 데 지장을 주고, 본연의 역할을 하는 데 방해가 될 것이다. 그 때문에 인공구조물의 설치는 당연한 것이라고 할 수 있다. 문제는 이렇게 설치한 인공구조물이 하천 하구에서 인근 해변까지 도달해야 하는 토사의 이동을 차단한다는 사실이다. 앞서 이야기한 바와 같이, 해변에서 떠내려간 모래나 퇴적물의 양만큼 다시 해변으로 들어오지 못하면 모래의 들고 나감의 균형이 무너지고, 결국 침식 상태가 된다.

이러한 현상은 도시를 흐르는 하천의 경우에 더욱 심하다. 그 예로, 아름다운 해변으로 유명한 부산의 해운대는 지금과 같은 모습으로 개발되기 전에는 춘천천이라는 하천으로부터 모래를 충분히 공급받았다. 1970년 항공사진 속 형상을 보면 주변에 바람이 만든 모래 언덕도 잘 발달해 있고, 해변의 폭도 넓었다. 그러나 지금은 지도상에서 그 흔적도 찾아보기 어렵다. 이렇게 하천에서 자연적인 모래의 드나듦이 없어지면서 해변은 침식이라는 인위적인 자연재해를 맞게 되었다.

인공구조물 설치에 따른
해안침식 사례

우리나라 연안에는 항구와 포구를 비롯해 호안, 해안 도로, 관광단지, 산업 및 군사시설 등 인위적인 구조물이 수없이 건설되었다. 그런데 이러한 연안 인공구조물은 퇴적물 이동에 영향을 준다. 태풍이나 폭풍으로 인해 퇴적물이 활발하게 이동할 때 특히나 연안 구조물은 장애가 된다.

서해안에서는 주로 펄(개흙)과 같은 세립질의 퇴적물이 부유 이동을 한다. 그래서 모래 해변도 있지만 전반적으로 조간대가 잘 발달했다. 조간대란 만조 때 해안선과 간조 때 해안선 사이의 공간을 말한다. 이런 환경에서 항구나 포구 를 건설할 때는 침식보다 항 내외에 펄이 퇴적하는 것이 주 로 문제가 된다. 물론 꽂지해변과 같이 침식 문제를 일으키 는 곳도 있다. 반면에 동해안에서는 주로 모래가 이동한다. 따라서 인공구조물 설치 시 상류에 퇴적되고 하류에는 퇴 적물 공급이 차단되어 해안은 침식 환경으로 변한다. 하천 에서 유입된 퇴적물이 해안에 수직으로 자리한 구조물에 의해 막혀서 이동하지 못하고 정체되어 비정상적으로 쌓이 는 것이다.

동해안에는 해변 중간에 퇴적물의 이동을 막는 구조물을 설치하는 경우는 거의 없고, 항구나 포구에 퇴적물의 유입을 막기 위한 구조물을 주로 설치한다. 그러나 이러한 구조물은 뜻밖에 다른 문제를 불러일으킨다. 바다를 향한 방파제 끝부분에서는 외해에서 들어오는 파랑의 회절(回折)로 해변에서 모래가 포구 방향으로 이동한다. 방파제 같은 구조물 때문에 퇴적물의 연안 이동이 강제로 일어나는 것이다. 이 현상은 해안선과 이안제(離岸堤, 바닷가의 퇴적층을 보호하기 위해 해안선에서 어느 정도 떨어진 위치에 해안선과 평행하게 건설하는 방파제) 사이가 표사로 퇴적되는 톰볼로(tombolo)* 형성 과정과 동일하다. 부유물 또는 해저의 세립질 모래가 쇄파대에서 포구 안으로 들어오는 '방파제 효과'도 일어날 수 있다.

자연에 인공적으로 구조물을 세운다는 것은 참으로 조심스러운 일이다. 자연스러워야 할 것을 자칫 그렇지 못하게 만드는 잘못을 저지를 수 있기 때문이다. 어떠한 행위로부터 발생할 결과를 예측할 수 있다면, 그리고 그것이 결과적으로 자연과 인간에게 좋지 않은 영향을 준다면 시행 이전

---

* 섬 또는 이안제와 육지(해안가)를 연결하는 한 개 이상의 사주(모래사장)

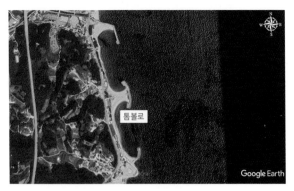

그림 22. 방파제에 의해 인위적으로 톰볼로(tombolo)가
형성된 예(봉평해변)

그림 23. 연안의 모래 흐름(북쪽 방향)이 차단되어 인공구조물 벽에
모래 퇴적이 집중적으로 일어난 예(울진 기성항)

그림 24. 항만 건설로 생길 수 있는 인위적인 퇴적과 침식
예측 사례(강릉 금진항)

에 충분히 관측하고, 건설 후에 이런 효과가 과도하게 발생하는지를 면밀히 살펴볼 필요가 있다.

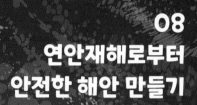

08
연안재해로부터
안전한 해안 만들기

기후변화에 따른
연안재해 대비하기

바다는 오랜 시간 동안 조금씩 지구온난화라는 위험한 상황을 겪어오고 있다. 그 결과, 바다의 수온은 예전과 다르게 높아졌다. 자연적으로 발생하는 것보다 인간이 더 많이 만들어내고 있는 이산화탄소는 바다를 더욱 뜨겁게 만들었다. 높아진 대기 기온과 바다의 수온은 곧 북극과 남극의 빙하를 녹이면서 해수의 열팽창과 함께 해수면이 상승하는 결과를 가져왔다. 이산화탄소가 가두어버린 뜨거운 열기가 바다에 내려앉아 거대한 저기압 덩어리를 만들면 걷잡을 수 없는 태풍으로 변한다. 태풍은 바다가 뜨거운 수증기를 더 많이 뿜어내면서 더욱 거대해지고 있다. 그뿐만 아니라 바닷속에서 지진이라는 위험한 상황이 벌어지면 거대한 지진해일이 발생한다. 반복해서 일어나는 자연적 현상으로만 알았던 해변침식은 좀 더 자세히 들여다보면 다른 인과관계가 숨어 있다. 비정상적인 너울성 파도의 움직임과 인간의 연안개발로 막힌 모래의 흐름이 그것이다.

바다에서 자연스럽지 않은 비정상적인 일들이 일어나면서 바다가 위험해지고 있다. 여기에는 간과해서는 안 될 점이 있다. 이러한 바다의 상황이 결국 해양 재난·재해라는 이름으로 인간의 안전을 위협한다는 사실이다. 이것이 바다와 연결된 인간의 활동 공간인 연안으로 세력을 넓히면 인간은 더욱더 위험해진다. 바다의 안전은 곧 인간의 안전을 의미한다. "바다는 언제 안전할까?"라는 질문은 "바다와 깊은 관계를 맺고 있는 인간이 바다와 함께 안전할 수 있는 때는 언제일까?"라는 질문과 통한다. 그리고 이때의 안전이란 기후변화에서 촉발된 해수면 상승 그리고 연안재해와 같이 바다가 안고 있는 몇 가지 위험으로부터의 안전을 뜻한다.

지구온난화에 따른 기후변화 속에서 바다가 언제 가장 위험한지 이해하고, 바다의 이면에 존재하는 위험에 적절하게 대응할 수 있다면 바다도 우리도 안전할 것이다. 최근 세계기상기구(WMO)는 '2021년 기후 생태보고서'에서 강력한 폭염, 홍수 등 극단적 기상 현상이 이제 '뉴노멀(new normal)'이 되었다고 경고했다. 뉴노멀이란 말은 '새로운 표준'이라고 해석할 수 있는데, 강력한 재해와 커다란 피해가 더는 '평상시답지 않고 이상한' 일이 아니라는 뜻이다. 페테리 탈라스(Petteri Taalas) WMO 사무총장은 "극단적 이상기후는 이제 새로운 현상이 아니고 그중 일부는 인간이 일으킨 기후변화 때문이라는 과학적 증거가 점차 늘고 있다"고 지적했다. 2022년 폭염과 폭우로 몸살을 앓았던 영국 기상청도 "기후변화를 고려하지 않고 지금의 현상을 설명할 수 없다"고 밝혔다. 기후변화라는 변수를 넣지 않으면 어떤 모델도 이 상황을 예측하지 못한다는 의미이다.

기후변화는 지구의 지표면 평균 기온뿐 아니라 해수의 온도를 높여 태풍을 초강력 태풍으로 더 강하게 만들었다. 우리나라에서 태풍이 발생하는 시기는 전통적으로 한여름인 7~8월이었다. 하지만 이제는 강력한 태풍이 전통적으로 가을의 시작이라 여겼던 9월에 찾아온다. 기후변화에 의한 연안재해는 침수 범람과 경사지 사면 붕괴, 해안도로 침하, 급격한 호안 유실 및 해수욕장 침식 등이 연안에서 복합적으로 발생하고 있다.

UN의 기후변화에 관한 정부 간 협의체(IPCC) 제6차 보고서에 따르면 이산화탄소 배출에 의한 기후변화는 해수면 상승에 큰 영향을 미칠 것이며, 2100년에는 해수면이 약 1미터 넘게 올라갈 것으로 예측하고 있다. 이로써 태풍, 해일, 월파, 연안침식, 침수 범람 등 연안재해로 발생하는 피해의 규모는 점점 더 커질 것으로 예상할 수 있다. 우리나라 기상청은 향후 20년(2021~2040년) 미래의 한반도 주변 해역 해수면 온도와 고도가 현재(1995~2014년) 대비 각각 1.0~1.2도, 10~11센티미터 상승할 것으로 전망했다.

앞으로 기후변화에 따른 연안재해에 대응하여 국가와 지자체에서는 지역별로 맞춤형 자연재해저감 종합계획과 방재대책을 세워야 한다. 태풍의 내습에 의한 너울성 파도와 월파, 해안침식 및 침수 범람이 우려되는 곳, 집중호우 시 배후지역의 침수 피해와 도시 침수가 예상되는 곳은 물론 더욱 거세어지는 태풍으로 발생할 수 있는 월파와 폭풍해일에 대비해야 한다. 구조물 파손, 방파제 월류와 저지대 침수 같은 미래의 연안재해에 대해서는 기후변화에 따른 해수면 상승과 지진해일, 폭풍해일 등을 함께 고려하는 복합재난대책을 수립할 필요가 있다. 또 연안개발, 해수면 상승, 태풍 및 파랑의 강도 증가 등으로 인해 훼손되는 연안을 보전하기 위해서는 모니터링, 예측, 대응, 평가 등 체계적인 연안관리 기술과 시스템 개발이 요구된다.

풍요로운 연안, 안전한 해안 만들기

최근 바다와 관련한 뉴스 보도나 신문을 유심히 본 이들은 여러 가지 바다의 변화와 함께 바다와 연관된 연안재해에 놀라는 일이 많다. 바다의 해수면이 높아지면 머지않아 물속으로 잠길지도 모를 익숙한 이름의 국가와 도시들에 놀라고, 지진 후 바다 주변에서 일어난 쓰나미와 그로 인해 발생한 상상할 수 없는 피해를 보며 안타까워한다. 동해안을 방문한 관광객들은 눈에 띄게 줄어든 백사장의 면적과 급해진 경사를 보며 새삼 연안침식이라는 것을 생각하기 시작한다. 그리고 이제는 바다와 연안이 어느 정도 위험에 처해 있다는 것을 이미 알고 있다.

위험한 바다, 안전하지 않은 해안의 모습은 비단 우리나라뿐만 아니라 전 세계적으로 문제가 되고 있다. 연안개발이 상대적으로 미미한 개발도상국도 예외가 아니다. 어느

나라든 연안은 경제발전의 핵심지역인 경우가 많다. 그렇다 보니 상당히 많은 인구가 연안을 따라 거주한다. 따라서 연안이라는 공간의 안전을 지키는 일은 국민의 안전과 국가 경제 측면에서 매우 중요하다.

연안에서 일어나는 재해와 재난은 그 형태는 다를지 몰라도 대체로 바다의 환경이 변한 데서 비롯된다. 연안환경, 즉 해양환경의 변화는 바로 지구온난화에 따른 해수면 상승과 태풍 기후의 변화가 그 중심이다. UN의 기후변화에 관한 정부 간 협의체(IPCC)는 2021년 제6차 평가보고서 (AR6) 요약본에서, 21세기 말에는 해수면이 현재보다 약 1미터 상승할 수 있다는 예측결과를 발표하였다. 더욱이 빙상 등이 녹는 속도가 빨라지면서 해수면이 예상보다 더 높이 올라갈 것으로 여러 연구결과에서 지적하고 있다.

태풍은 어떠한가? 해수 온도의 상승으로 대형 태풍이 발생하는 빈도가 높아지고 있다. 국가태풍센터에 따르면, 재산피해액 면에서 역대 상위 10개의 태풍 가운데 2000년 이후에 발생한 것이 5개나 포함되어 있다. 해안에서 일어나는 침식은 자연적으로 오랜 기간에 걸쳐 이루어진 변화도 있지만, 인위적인 요소에 의한 것도 있다. 그렇지만 이를 더 가속화하는 것은 해수면 상승과 태풍 기후의 변화로 볼 수 있다. 우리에게 놓인 연안의 위험은 결국 바다의 위험에서 출발하고 이 바다의 위험은 지구의 위험, 즉 기후변화로부터 시작되었다. 바꿔 말하면, 연안과 바다가 안전하려면 가장 먼저 지구가 처한 기후위기에서 벗어나야 한다는 산법이 성립한다.

바다에서 만들어지는 은밀한 변화와 갈수록 심각해지는 연안재해가 언제, 어떻게 찾아올지를 예측하고 대비하는 것도 매우 중요하다. 이미 위험해진 바다와 연안이지만, 미래의 후손들에게 우리가 누렸던 풍요로운 연안과 안전한 해안을 물려주기 위해서는 기후위기를 줄일 수 있는 작은 실천을 찾아가는 각자의 노력이 그 어느 때보다 절실한 시점이다.

그림 출처

그림 3　bcl.wikipedia.org/ Citynoise (CC BY–SA 3.0)

그림 4, 그림 5　Shutterstock.com

그림 6　nsidc.org/ the National Snow and Ice Data Center,
University of Colorado Boulder

그림 9　pixabay.com

그림 13　(위)　commons.wikimedia.org/ U.S.Navy
(아래)　Shutterstock.com

그림 14　(위)　commons.wikimedia.org/ Maximilian
Dörrbecker (CC BY–SA 3.0)
(아래)　commons.wikimedia.org/ Abasaa